找到自己的品味，就會

簡單20招，變身購物家

吳孟潔—著

Preface
自 序

　　我曾在台灣一間名牌店裡，看到一款要價不斐的經典款手提包，初見時，立即被它精美的外型吸引，同時，心中隱約有種『不一定非買不可』的聲音，讓我猶豫不決，最後，遲遲沒有將它擁抱回家。

　　後來到巴黎旅行時，在百貨公司裡又與這款美麗的手提包喜相逢，看著約莫是台灣65折價格的標籤、默默計算與感嘆緣份之餘，幾次將它輕輕提起想奔向櫃台結帳，但自身專業的小天使又再次阻止了我的衝動。

　　在喝了一杯咖啡後，逐漸清醒的我想了想：這個包在台灣沒下手的原因並不是因為買不起，而是，的確沒有喜愛到非買下不可的程度（就是少了心動的感覺），縱然今天到了巴黎看見價格如此迷人，表面看來好像賺到幾萬元的價差，實際上，還是要付出一筆可觀的費用。

　　買了一個自己並沒那麼喜愛的包，想到回台灣後提著它時沒有疼愛自己的成就感，只有賺到名牌包的炫耀感以及深深的愁悵外，不知還要面對它多少年？

　　心裡再次問著自己有那麼想要嗎？「沒有」！那麼，只好再次和它Say Good-bye啦！想到這裡，心情頓感輕鬆，為自己擁有專業的智慧而慶幸。

在課堂上，我常對同學們說「把一個人外在變美麗很容易，但僅僅外在美麗是不夠的，僅有外在美麗是無法持久、並讓人感覺庸俗；內外兼修的美麗才是王道，這讓人感到愉悅而真實」。但不論是由內而外、由外往內的美麗，都必須啟發於一顆智慧的腦袋，而智慧的是否，取決在觀念的正確。

女人的衣服亦同，明明有滿坑滿谷的衣服，卻是永遠少一件適合當下的，這是女人的宿命嗎？還是不正確的觀念使然？改變觀念是可以改變宿命的！

與其讓衣櫃裡有60件穿起來不起眼，穿壞就丟也絕不心疼的衣服；不如只要有6件、穿起來能讓自己美麗又有自信的衣服就好；兵貴精不在多，而且數量精簡，也可以好好的照料它們，把C／P值發揮到最高點。

看到這裏，或許妳會說：「我就是想時尚，才會買這麼多衣服！」

時尚並不是穿著當下最流行的服飾、或擁有很多服飾，就能立刻表現出個人的時尚感。我認為，時尚是一種對於美的態度，不僅僅表現在穿著上，而是連坐著用餐、站著講話時，所表現出的優雅儀態，都能與身上穿著的美麗服裝相契合，那才稱得上是～時尚！

因此，當我們讚美一個人很時尚時，通常不會單指這個人身上的衣服多麼昂貴、絢麗，或符合當下流行的新穎款式，一定是此人的外在與內在達成和諧與舒適的美感。

一個人觀念和舉止儀態，會與外貌的美麗程度相呼應，

想成為時尚美女嗎？那麼，學習正確的觀念是必要的。

除了上述種種外，在讓自己變成時尚女的過程中，也請區分妳是意識清楚的學習、還是盲目的跟從？二者的結果可不同的喔！

出國時，我經常看到有人在飛機上敷臉，或在捷運、高鐵上化妝，像這樣不在乎他人感受的女人，不經意就會做出減損美麗時尚、出人意表的行為來，無法從骨子裡成為真正的時尚女；這也是很多人精心裝扮、穿著當下流行的名牌精品，卻讓人覺得沒味道、甚至缺少質感的真正原因。

現代，外在變美的技術較容易學習且快速，同時，因為是非混淆的資訊太多，相對上，要學習到正確觀念與實踐則倍感困難，甚至犯了錯誤而不自知，使得多數人的美麗變得短暫而膚淺，卻以為自己很時尚、有美感？！

這也是促成我寫這下本書，希望能有效幫助大家永遠時尚美麗的動機，書裡面撰寫的都是真實發生的故事，也有可能是妳我曾經的經歷。

記得喔！外在影響妳看待自己，內在影響妳外在的呈現。

在此，將此書獻給將成為美麗時尚的妳，也祝福妳看見屬於自己的美麗時尚。

Contents 目錄

Contents 目錄

Part 2
培養時尚風格，so easy 67

Contents 目錄

Memo

Part1

美人兒養成術

在生活中要怎麼穿著才能亮眼呢？其實只要擁有三個必備單品：手拿包、高跟鞋，以及西裝式外套，就能將妳的個人氣勢烘托出來！

三大時尚單品，
讓妳立刻變吸睛女

吸睛女重要一號單品：手拿包，也有人稱它為晚宴包。吸睛女重要二號單品：高跟鞋。吸睛女重要三號單品：西裝式外套。

在生活中要怎麼穿著才能亮眼呢？其實只要擁有三個必備單品——手拿包、高跟鞋，以及西裝式外套，就能將妳的個人氣勢烘托出來！

不過如果妳平時不常這樣穿著與打扮，建議還是在派對、婚宴重大場合前，先將家裡當秀場，來回「演練」走動好幾次，習慣時尚的吸睛打扮吧。

給我力量！我要一秒成為派對咖

嘉伶的男朋友最近拿到兩張時尚品牌的晚宴派對活動券。男朋友一心想的是，可以在晚宴上看到許多美麗的女模、明星，而嘉伶想的則是：「天啊！那天要怎麼穿啊！」

這個念頭被男朋友知道後，頗不以為然，他認為派對的主角又不是嘉伶，為何還要大驚小怪的張羅當晚的穿著，反正晚宴會場燈光昏暗，霓虹閃燈又不會照到他們，只要穿著比平常亮一點就好啦。因為這個白目男朋友的一番話，讓嘉伶氣的幾乎不想理他。

誰不知道要「亮」一點？

但是對於嘉伶這個宅女而言，最大的問題是：想要「亮」還不知道怎麼「亮」啊？！

「他跟朋友要這兩張入場券，是想要去看女明星，但是他都沒想到，當天我還得上班，我總不能隨便穿穿就去吧？」

嘉伶告訴同事筱凡說，原本很期待能參加這種高級時尚圈的活動，沒想到真的有機會了，反而煩到不想去。

「老實說我打扮是為了自己，誰希望被別的女人比過去？但是，也有一部分是希望站在男朋友身旁的我，也是一顆明星啊。」

平常上班都上到晚上七點多，時尚派對開始的時間是八

點，就這一點點的時間還要化妝、換裝，真的很緊迫，但最令嘉伶煩心的不是時間問題，而是要怎麼打扮才能成為派對吸睛的目標。

「我也沒想要濃妝豔抹成為派對女，只是，只是，妳懂嘛，至少要有架式啊，有那種格調和吸引力。」嘉伶攤趴在辦公桌上，一副又期待又怕受傷害的模樣。

「那……妳要不要試試看去找專業的時尚形象老師諮詢一下？」嘉伶抱怨老半天，筱凡這才說出這幾個字。

一個手拿包，改變妳的時尚氣質

雖然為了一場免費的時尚派對找專家來諮詢，嘉伶認為好像有點太小題大做，但是她已經不想為這件事傷腦筋了，而且也想趁此吸收一些時尚的訊息做改變，免得白天亮麗上班族、晚上黯淡魚乾女的生活過一輩子。

嘉伶這日便約了若彤，來場一對一的形象諮詢。她告訴若彤希望能找出幾樣在生活中必備的時尚單品，不僅派對時可運用，平時參加晚宴、婚宴等也能派上用場。

「手拿包，妳需要一個手拿包。」在問清楚嘉伶的主要目的之後，若彤開門見山的就這樣建議嘉伶。

「老師，妳說的手拿包是不是那種小小的、巴掌大的包包？」

「是啊。」

「可是，這麼迷妳的包包，我的東西裝不下啊！而且平常我都背大包包，裡面放滿了我可能會用到的東西，突然拿手拿包，好像有點……」

「有點沒有安全感是吧？」

「對對對！」嘉伶點頭如搗蒜。

「妳可以買一個能裝下一定要攜帶東西的手拿包，就好像手機、錢包、補妝品等等，一個美感和機能並具的手拿包。當然，在這之前，要先決定哪些東西是一定要攜帶的，而哪些是必須捨去的～妳總不想去跑趴的時候，還背著一個龐大又重的大包包吧？這樣穿什麼衣服都很難搭配呢！」

「也是啦……」

「而且改變一個隨身的包包，同時也會改變整體的感覺和氣質喔。」

「嗯，我想得到這情景。」嘉伶的心中，浮現出自己拎著手拿包的模樣。

腳蹬高跟鞋，增加妳的性感女人味

「接下來，換掉妳的平底鞋，穿上高跟鞋。」

「高跟鞋？穿高跟鞋我不會走路啦！」嘉伶哀號著。

「妳覺得穿球鞋、平底鞋還是高跟鞋，哪一種比較能表

現出優雅儀態？」

　　若彤看出嘉伶的困惑，進一步說：「穿高跟鞋時，妳的身形會有拉高的效果，並能增加氣勢，而且因為穿上了高跟鞋，妳就會自然的抬頭挺胸、縮小腹，整個人的姿態和感覺會變化很多喔。」

　　「看起來好像能增加我的女人味？」

　　「是啊。」若彤笑著說：「記得在買的時候一定要試穿和試走，不要因為高跟鞋漂亮就捨棄了舒適度，也不一定非要買很高的，否則買了一雙中看不中用、不符合人體工學的高跟鞋，更不會想要穿它。」

　　「但是要女人不被美麗的高跟鞋誘拐好難啊，其實我的鞋櫃裡也有一兩雙高跟鞋，美麗性感耀眼，但是一穿上，我的媽啊，好難走喔，走路都變成一拐一拐的了。」

　　「妳可以依照場合和需求來買高跟鞋，例如這雙是可以穿上兩個小時跑趴用，那一雙是可以穿上六個小時逛街用的，或是應場合穿著高跟鞋，另外攜帶一雙舒適的鞋在會後替換也可以。千萬不要因為穿起來好看性感，就累壞了妳的腳和身體。」

　　嘉伶以前也經常如此對待自己的雙腳，聽到若彤一番話，紅著臉馬上把這些建議筆記下來。

西裝式外套，時尚氣勢往上加分

最後一個必備單品，若彤建議嘉伶添購一、兩件西裝式外套。

「穿上西裝式外套，會讓人有比較正式的感覺，由於剪裁的關係，還有修身的效果，如果再加上穿高跟鞋，會讓人看起來有纖細修長的感覺喔！」

「真的？」嘉伶一聽到「纖細修長」的關鍵字眼，眼睛露出閃閃光芒。

「妳晚上參加派對時，應該也不會穿的很鮮豔醒目對吧？妳也可以將晚上跑趴的衣服在上班時穿著，外面再加上一件西裝式外套，讓人覺得妳很莊重和專業，下班後則可以把外套脫下，並利用一些比較亮麗的飾品裝飾，再加上一個適合的妝容，以及剛剛說的手拿包、高跟鞋，將會讓妳在派對上呈現出亮眼的自我風格，莊重又不失格調喔。」

「老師，好簡單，這些我都做得到！」

「是啊，要時尚、要呈現風格，是不用複雜化的，只要做對這幾點，就能成為吸睛的目標呢。」

「很高興能從老師這邊學到這些，放心，我會讓這次派對的聚光燈因我而存在！」嘉伶俏皮的跟若彤敬個禮，迫不及待的想去添購讓她發光的神器了。

　　吸睛女重要一號單品：手拿包，也有人稱它為晚宴包。在選購手拿包時，有幾點是需要注意的：

　　1. 要知道自己的使用習慣，並且只攜帶一定要的物品。

　　2. 在選購時，要把所有必須放進去的東西試放一次，免得使用時發生放不下去的窘況。

　　3. 購買時，請利用全身鏡觀看手拿包的尺寸款式是否跟全身比例配合；另外顏色也要考慮是否與現有的衣物好搭配。

　　4. 除了手拿之外，最好也有鏈帶可以肩背。在派對場合時，站著用餐或與別人握手，都需要騰出雙手來使用，這時可以側肩背的手拿包就很好使用。

5. 因為不常拿手拿包，所以隨時都要提醒自己包包是否在手上。

我就曾經最後一天在巴黎旅遊時，把手拿包遺忘在飯店大廳的洗手間裡，還好，我在一分鐘之內就發現，馬上衝回去拿，否則若是過久遺失了，後果就不堪設想了。

吸晴女重要二號單品：高跟鞋。
試問穿球鞋和高跟鞋哪個能表現出妳的儀態？走起路的姿態會一樣嗎？穿球鞋因為舒服，所以就可能腳步拖著走，但很奇怪，女人若是穿上高跟鞋，身體自然就會挺直了，也會開始注意走路的姿態。

至於高跟鞋要買多高？我覺得有一點的鞋跟，總比完全平底的鞋子來的正式、有修身的效果。但是要穿多高的高跟鞋才算「高跟」？這是沒有一定規則的，要看各人目前的狀態，以能自在走動為主。

另外在買鞋的時候要注意，如果這雙鞋買回去後穿起來十分的舒服，並且是基本款的話，可以多買一、兩雙！我便是常常這樣，因為好看的鞋子好找，但好看又好穿的鞋難遇。

吸睛女重要三號單品：西裝式外套。

關於西裝式外套，設計上簡潔俐落，穿上後會有修身的效果，並且能展現氣度，所以能表現出正式感以及顯瘦的感覺。如果妳是個時尚懶人，建議可以選購防皺的外套，需要穿著時就能提昇個人形象，夏天冷氣房稍冷時也能穿上保暖，而不穿時就算塞在包裡也不會變皺。

至於顏色方面，如果想要上班和休閒時都能穿著，那麼顏色就要選擇低調一點、不要太誇張；若只是想在平時穿著，可以選擇淺色系的，穿起來會更有休閒感並降低正式度。

由於西裝式外套的剪裁與設計，有一定的制式規格，不受流行的影響，買一件就可以穿上好幾年，所以建議妳不論上班或休閒，可以有一、二件西裝式外套來搭配穿著，讓妳的形象更醒目。

每天一點時間，
就能美麗

「自然就是美」並不是指什麼都不做就會美，美麗的
女人一定會在自己的身上努力付出心力，只是妳不知道而
已。

　　有位年輕的模特兒在受訪時提到，她每
天大約花一小時到一個半小時在保養上～想
想，天生麗質的模特兒，也需要好好地保養
自己，更何況一般人！

　　十分建議大家每天都花一點兒時間來保
養自己，因為外在的美麗和內在的智慧都不
是一蹴可成的，若不想付出一點保養時間的
代價來換取美麗，那麼就可能需要花更多的
錢來彌補因懶惰而出現的更多問題了。

再怎麼樣也要美

子晴失戀了。

她已經連續好幾天都第一個到辦公室，最後一個離開公司；她比往常更努力的工作著，但她的眼睛腫的像核桃，她的笑好像跟哭一樣，她的臉暗沉無光像鬼，這個模樣真的讓公司裡的同事擔心她，但更多人私底下希望子晴能戴上太陽眼鏡，免得影響了辦公情緒。

「沒辦法，我們救不了她，但也不希望她的模樣毀了我們。很自私是嗎？」

這天家瑜和若彤聊天時，提到了這件事。與子晴為同事的家瑜，一副莫可奈何的跟若彤說：「而且，又不是只有她這麼慘，家家有本難念的經，只是有沒有讓別人知道罷了。」

若彤盯著家瑜的臉，默默的點點頭。

「怎麼？我的臉上有什麼嗎？我的眼線糊了嗎？還是眼影花了？」家瑜趕緊摸摸自己的臉。

「我可是什麼都沒說喔，是妳自己『自首』的。」

若彤發現家瑜今天的氣色不大好，雖然她臉上有化妝，但妝不服貼，而且還可以瞧見長了幾顆痘痘、膚質有些問題，再經過家瑜自爆擔心眼妝的問題，看來家瑜這幾日也過得不好。

「各人造業各人擔，就是這樣嘍！」

「發生什麼事嗎？」

「沒有啦，謝謝妳的關心。」

家瑜真心的謝謝若彤，但她有個倔強的脾氣，總喜歡自己一個人來消化這些心事，不想將煩惱影響了朋友。

「好吧，心事這個忙幫不上就算了，不過，我倒是能讓妳在這個難挨的時候，依舊保持青春亮麗喔，例如妳的泡泡眼，和上不了妝的臉。」

讓腫泡泡的雙眼恢復晶亮有方法

「我就知道妳很講義氣。」家瑜望著若彤笑著說。

「別誇獎我啦，其實妳是個好榜樣，不會心情不好的時候就不打理自己，不過呢，如果再經過我的調教，以後就天下無敵了！」

「快說，是有什麼可以解決哭過之後泡泡眼的方法？」

「冰敷可以消腫，這個人家都知道，另外還有個快速消腫的方法，將面膜或眼膜放在冰箱冷凍室五到十分鐘，然後再拿來敷，會更容易消腫，並且還兼做保養的功效喔。」

「一兼兩顧，嗯，對我這種懶女人有效！」

「如果妳因為作息不正常或沒睡好讓膚質變差，這時敷面膜也能讓皮膚比較好上妝。另外在化妝的時候，記得眼部

浮腫的地方不要打亮，因為這樣會顯得更腫！要在雙眼皮處塗上深色的眼影，這樣眼睛看起來就不會覺得浮腫了。」

「不過我眼睛會浮腫，有大半的原因不是愛哭，而是我只要睡前多喝水，早上起床就會變成泡泡眼了，那這個怎麼治？」

「其實這很難說，要看每個人的狀況，有人說睡前不要喝水，也有人說枕頭墊高睡，不過如果沒喝水卻口渴睡不著，或者枕頭弄高了變成不好睡，結果眼睛是不腫了，但卻變成睡眠不穩，這也得不償失，」

「這倒也是，那買條能消腫的眼霜來用應該不錯吧？很多眼霜廣告都說用了立即見效，不知道真的假的？」

「我覺得有拜有保佑，如果擦了覺得有些效果，那麼就可以持之以恆的使用，讓產品功效慢慢出現。」

凡士林，女生必備

「那我可不可以問一下，我每次都看到妳隨時都能『變』出一個小罐子裝的東西擦擦手什麼的，那是什麼啊？」

家瑜很好奇若彤的隨身寶，每次到她家裡，有時看她在客廳聊天，然後就從桌上拿出一小罐什麼的，邊聊天邊抹抹手；有時到她的工作桌拿東西，又看到桌上也有一小罐。

　　裡面裝的是什麼呢？家瑜甚至還想過，有一天要趁著若彤去上廁所時，自己偷偷抹一點來試試看，不過因為只是這麼想著，所以到今天也不知道小罐子裡裝了什麼。

　　「凡士林啊，就是一般那種百分百成份的凡士林。」

　　「啊？我以為是什麼名牌保養品呢。」

　　「凡士林很好用呢，物廉價美，我都買大罐的，然後分裝成小罐子，放在我家的浴室、客廳、臥室、工作桌上，還有包包裡，當嘴唇有點乾的時候，就會隨手拿來用。」

　　「這麼好用？」

　　「是啊，我很喜歡，妳如果喜歡有香味的，可以買添加坟塊、薰衣草的來使用，這樣就會多了心情療癒的功能，如果怕油膩……」

　　「對，我是覺得凡士林有點油耶！」家瑜馬上接話。

　　「凡士林也有乳液型的，另外教妳一招，去買棉質的手套、襪子，然後在睡前把凡士林厚厚的擦在手指和腳掌上，再套上手套和襪子，包準明天一早起床，有雙滑嫩的手腳喔。」

　　「看來這小東西還不錯用嘛！」

　　「沒錯，小東西好用，但是不能懶得用，美麗是要付出代價的，這個代價就是要勤於保養，不過如果妳太懶了、都不保養自己，那麼這個代價就會變成需要用更多錢去彌補妳的懶惰。」

「是是是，我的好朋友，我一定會在傷心落淚後馬上敷冰涼的面膜，工作加班到深夜時，也不忘保護打電腦的雙手。」

「還有，別忘了要卸妝，而且要卸乾淨！我真怕妳愛別人勝過愛自己，把自己搞得像個沒人愛的歐巴桑……」

「放心放心，這些我一點都不擔心。」

「真的？」若彤狐疑的望著家瑜。

「我擔心什麼？我只要一兩週來找妳一次，妳就能像個保養專家一般的把我的缺點都數落出，我只要照著妳的『處方』做就好啦，有什麼好怕的。」

「所以說，有我這種朋友，真好嚕？」

「是啊，」家瑜看著若彤彷彿有些怒意的臉，「喔喔，我的保養專家要生氣了，我得快點把她到處放的小罐子找出來，幫她抹平眉頭的皺紋啊～」

若彤喜歡家瑜的個性，雖然太獨立了一點，但是總是能自娛娛人，當她聽見家瑜這樣說笑，也只能搖搖頭，並且還真的把手邊的小罐子拿起來，作勢晃一晃要丟給家瑜。

「啊，快逃！」家瑜露出頑皮燦爛的笑容。

孟潔老師的小叮嚀

　　自然就是美的意思，並不是什麼都不做就會美，美麗的女人一定會在自己的身上努力付出心力，只是妳不知道而已，還以為她是天生麗質條件好。我同意有些人可能天生遺傳好，皮膚幼嫩又美麗，但是如果她後天沒有好好照顧，也會慢慢變成黯淡女。

　　這裡就告訴妳幾個懶人保養的秘訣，省時簡單好操作，請別再用沒時間的藉口來打發妳僅剩的美麗啦：

　　秘訣一，懶人五分鐘化妝法。
　　首先防曬要做好，如果妳懶得用隔離霜、化妝品、防曬品來層層保養和化妝的話，可以使用含有防曬成份的BB霜或CC霜，一瓶就可以抵數瓶；而若要氣色好，可以撲一點蜜粉，比較有朝氣。

然後簡單的畫上兩頰腮紅，由於是想呈現自然的淡妝，所以這時不用畫上口紅，應該點上唇蜜才會顯得自然。而如果想要讓眼睛看起來大一點，可以畫上眼線，就會更加有神。

秘訣二，一定要卸妝。

沒有卸妝是殘害肌膚的大殺手，當然前提是你有慎選可靠來源的化妝品牌使用！很多人以為化妝會傷皮膚，我倒認為沒有徹底的卸妝才會傷害皮膚。

卸妝一定要卸乾淨，妳可以選擇最適合自己的卸妝產品。我習慣使用潔顏油來卸妝，因為潔顏油加點水乳化之後，可以減少摩擦肌膚；而在卸完妝之後，我會用沾濕的棉花棒再度清潔眼睛周遭，這時就可以知道是否眼妝有卸乾淨。

我常打趣的跟學員說，如果眼妝沒有卸乾淨，凝結在眼皮上，以後再也不用化眼線了。

至於不化妝要不要「卸妝」？由於空氣污染、路上灰塵、臉上有防曬隔離霜等，一般的清潔產品比較無法徹底洗去臉上的污垢，所以利用潔顏油、卸妝乳等來清洗，的確是會讓臉部更加徹底清潔。

秘訣三，手足的保養。

腳後跟的龜裂，會讓妳的美麗塗上一層泥，而手部的乾燥會讓妳老好幾歲！

我覺得凡士林是個保養聖品，首先它的滋潤度夠，另外一個優點是物美價廉。除了在家使用之外，建議也可以買旅行用的小罐子，裝一些凡士林，在外出時如果發生手足、嘴唇乾裂，就可以隨時取出使用。

穿對色彩讓生活更精彩

想知道自己適合什麼顏色？可以面對鏡子，藉由各種不同顏色的布，擺在臉龐所呈現的感覺而定。

穿對色彩可以分為兩部分，一個是穿適合，藉由檢測的方式找出最適合自己的顏色；另一個則是可以傳遞訊息，利用顏色來表達妳所想傳遞的意象。

身上衣服色彩的重要性，遠比妳想的重要，甚至可以改變人生，請多加利用色彩的優點，來讓生活更加多彩吧。

穿衣的顏色可以改變別人的印象

這天若彤來到與她合作多次的某間公司，和行銷經理可潔一同開會，準備下個禮拜公司新一期的同仁進修課程。

「那麼下個禮拜三晚上七點，就要麻煩老師您了。」會議結束，可潔看著牆上的時鐘，這才發現已經六點多了，「開會開到下班，還好這是最後一個會議了，今天有空嗎？我們一起去吃晚餐好嗎？」

「好啊，不過不能吃太久，因為晚點我還跟客戶有約呢！」

「我還以為顧問師比較自由也不用加班呢！」

「是比較自由啊，至少不用跟公司的打卡鐘比賽。」若彤回應之後看著可潔一身的裝扮，「對了，來開會幾次，看妳都穿粉彩色系的衣服，看來妳喜歡這類的顏色喔，而且妳穿起來也很好看呢！」

「行銷經理這個頭銜太重了，穿著粉色系的衣服，比較柔和一點，也可以提醒對方我是個女人，不要當男人這般的折磨我，哈。當然啦，我本來就喜歡粉色系的顏色，對了，用妳專業的眼光來看我的穿著，怎樣，還可以吧？」

「很OK啊，深深淺淺的粉紅色或粉紫色穿在妳身上，專業中帶點可愛呢。」

可潔聽了這答案，露出淺淺靦腆的微笑，與平時稍帶強

勢的個性有些不同。

「謝謝啦，說到我的心坎裡了。不過說真的，我也想穿亮麗色彩的衣服啊，看到公司同事或客戶穿著一身亮麗，覺得他們好陽光、好正面啊！」

衣服的顏色會影響臉上的氣色

聽到可潔的心聲，若彤順著她的話說：「妳也可以試試看啊！」

「我才不敢呢！」可潔立刻回應。

「如果不敢，那麼也就不必羨慕別人了，就像是妳身上的粉彩色系，很多人也穿不起來。」

「是嗎？為什麼鮮豔色彩我穿不起來，而有些人穿粉彩色系時就沒有我穿那麼好看？」若彤的話引起了可潔的興趣。

「有興趣知道嗎？我們現在馬上來試試看就知道答案了。」

若彤馬上從包包裡拿出「道具」，是擁有各種基本顏色的布，這些「道具」是為了這晚與客戶開會而準備的。

「啊，對了，妳餓嗎？還是我們下次再來做這個『遊戲』？」若彤突然想到可潔剛剛約她一起吃飯，有可能是可潔肚子餓了。

「這個我有興趣，我還不餓，我是怕您餓了才約您一起吃飯呢。」

「那好，我們就速戰速決！」

可潔的公司由於有負責刊物的編製工作，所以公司裡有間小攝影棚和化妝台，以供模特兒或明星拍照使用，化妝台的燈光光線OK，正好可以拿來當「遊戲」的地點。

若彤和可潔兩人一起進入到攝影棚，若彤請可潔坐在化妝台前，並將圍繞鏡子旁的小圓球燈全開，然後拿著各式顏色的布，放在可潔的臉龐測試，並且要可潔注意鏡子裡的臉，有沒有什麼變化。

「真的耶，」可潔看著鏡子驚呼，「難怪有些顏色我穿起來會覺得怪怪的，原來衣服的顏色真的會影響到我的氣色啊！」

「穿在身上的衣服就好像是攝影時使用的打光板，當光線打在衣服上時，會折射到我們的臉上，而影響氣色。」

「那我偶而想穿其他顏色可以嗎？」

「為什麼不可以呢？因為顏色除了要找適合自己的之外，它還有另一個重要的任務就是可以傳遞訊息，就像是剛剛妳所說的，穿著鮮艷顏色的衣服，會讓人覺得有自信、很活潑。」

適合的顏色能製造出個人的識別色

「但是，我的問題又來了，就像是您說的，有時我想穿黑色來讓對方覺得我的時尚和個性，不過，我不敢全身都穿黑啊！怎麼辦？」

「不用大面積的穿著黑色，其實只要小面積就能傳遞出訊息了，或者利用飾品配件來達到目的，妳可以做實驗試試看喔！」

幾種顏色的布輪流擺在臉龐後，可潔覺得還是淡淡的粉彩色最適合她。

「我都不知道我穿粉彩色的衣服這麼好看耶，啊，我想起來了，」可潔突然把包包拿過來，開始從包包裡拿出東西，「妳看，我的筆記本是粉彩色、手機殼是粉彩色、化妝包也是，真的都是粉彩色耶，我之前都沒發現！」

「妳喜歡什麼顏色，可以經常藉由這些小東西來呈現，久而久之就會變成妳個人的識別顏色呢？」

「現在回想起來，還真的是這樣呢！」

「所以在搭配顏色、穿對顏色前，最好事先整理一下妳的衣櫃，看看衣櫃裡都是什麼顏色的衣服和配件，很可能妳會發現自己的大秘密，就像是有些人的衣櫃裡，除了藍色的牛仔褲，只有白、灰、黑色的褲子。」

「對對對，我們公司就有每天都穿黑色長褲的女同事，

而且不只一個，明天我要去告訴她們！」

「另外我也建議，如果在報章雜誌上看到喜歡、並可能會是適合自己的搭配方式時，就學習起來，多加嘗試！不要把它當成只是一篇報導、不關自己的事，可以嘗試看看這樣搭配法是否適合自己，或者想想更換什麼配件會讓自己更出色。」

「多謝多謝，不管是您發現了我的最愛顏色，或是告訴我這麼淺顯易懂的穿衣哲學，通通多謝啦！對了，」可潔眼睛一轉，「這麼好的方法和資訊，可不可以放在下周二的課程裡啊？還是下回多開一門課來講解？我想，我們公司的女同事一定很喜歡！」

「好啊，但是下周的課程已經規劃好了，下次內部訓練我會記得把這課程放進來的。」

「多謝啦！」這時兩人有默契的看了一下牆上的時鐘，發現時間已經不早了，於是趕緊收拾一下包包，揮了揮手，各自去度過輕鬆或忙碌的夜晚了。

孟潔老師的小叮嚀

　　想知道自己適合什麼顏色？可以面對鏡子，藉由各種不同顏色的布，擺在臉龐所呈現的感覺而定，例如可能黃色讓妳看起來比較有氣色，深藍色卻讓臉上暗沉等，每個人所適合的顏色都不同，所以必須一一檢測。注意在檢測時光線要充足，這樣才能測得正確適合的顏色。

　　另外，也可以藉由顏色來傳遞想要呈現的訊息、穿出妳所想要的形象。如粉彩色系給人比較浪漫的感覺，所以當妳想要傳遞出很可人、很體貼的感覺時，粉彩色是最好的選擇，而且粉彩色系是很受異性歡迎的顏色，連長輩們也會喜歡。

　　如果妳想表現出時髦有個性，請嘗試穿著顏色深淺的對比色，就會給人這樣的感覺；而當妳想傳遞出比較成熟、知性、洗鍊低調的感覺時，那麼大地色

系，就有秋意濃厚的感覺，能輕易的帶出妳所想要表達的意象出來；至於鮮豔的顏色，則可以傳遞出活潑、快樂、有自信的氣勢。

而穿對顏色除了衣服之外，還有飾品配件和小物也很重要，例如很多人不重視的雨傘。

因為雨傘容易遺失，所以很多人經常都隨便買一把能用的就好，但妳不知道雨傘對於美貌是多麼的重要！當下雨時，雨傘拿在頭頂上，它的面積與身上的衣服一樣大，光線將傘布的顏色打在臉上，一樣會影響妳的氣色，這個影響力是不輸衣服的！請不要忽略。

此外，顏色要穿對也要配對。當我們把兩個以上的顏色放在一起挑選時，就是在做配色的動作。至於要如何配對成功？有幾個方式可以試試看。

以飾品顏色而言，如果妳喜歡金色系的飾品配件，那麼衣服就可以搭配暖色調的大地色系，這樣的穿著，好像什麼顏色都調和了一點黃色的感覺，很溫暖且協調。

假若妳喜歡的是銀色系的飾品配件，可以搭配比較冷色調的服裝，這樣會讓妳身上穿著的顏色，好像都調和了一點藍藍的感覺，使整體衣著形象一致。這是運用同底色的搭配，很簡單就能把色彩配對成功。

　　最後來個簡單的Q&A。

　　或許有人會問：這些穿衣的規則也適合皮膚黑的人嗎？

　　很多人覺得皮膚黑的人有很多顏色穿不起來，讓我們反向思考一下：妳覺得黑色的衣物，容易搭配其他的顏色嗎？

　　若妳也認同黑色的衣物搭配什麼顏色似乎都不衝突、很好看，怎麼皮膚黑的人，就會有很多顏色穿不起來呢？

　　正因為配色會影響的原因不只有皮膚的顏色，還有五官、膚質、外在輪廓、臉型等等，這些都會影響顏色的搭配，絕對不是只有皮膚顏色深淺的問題而已。

　　想想那受人歡迎的黑珍珠蓮霧，黑的發紫、黑的

發亮！如果妳皮膚黝黑，應該是讓自己的黑變成特色、愛上黑的美麗、散發黑美人的魅力。

　　如果妳真的為皮膚黑而煩惱，在此建議請先照顧好妳的皮膚，讓膚質呈現良好的狀態。就怕皮膚黑又不照料，讓皮膚又乾又粗糙，這時妳愛美的煩惱恐怕就不只是皮膚黑而已。

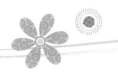

自信，也是一種美

每個品牌衣服的尺寸都有些不同，A品牌總是穿M的，說不定到B品牌就是S的尺寸，所以在試衣服的時候，最好可能的尺寸都試過再決定。

為什麼有的人看起來很時尚，有些人卻讓人感到庸俗呢？我認為，時尚和庸俗的差別，就在於有沒有用腦袋這回事。

另外，當別人讚美妳的時候，也請不要不好意思，直接說出「謝謝」即可。

至於身材顯胖，減不了重也請別看輕自己，可以運用穿搭的技巧，為現在的妳而穿著，大家一起加油吧！

聽到讚美，別害羞

若彤遠遠就看到伊婷從街的那頭走過來。伊婷就住在若彤家的樓上，兩人會認識是因為一件有趣的事發生。

在伊婷搬過來不久的某日，若彤在陽台撿到一條手帕，若彤發現這不是自己和家人的，便東張西望，希望能猜出是哪家鄰居飄過來的，否則就要直接把手帕拿給樓下管理員，請他去發落了。

結果在若彤往上張望時，發現斜上層樓有個女子一直往這裡看來，臉上一會兒皺眉、一會兒做思考狀，手上還捧著一個洗衣籃。

若彤猜想，應該就是樓上這個女子掉的手帕吧？她把手帕往那女子的方向揚一揚，看到那女子點頭示意，若彤認清了樓層和位置，於是便拿上樓去給她。

生性有點害羞的伊婷看到若彤將手帕送上來，連忙道謝。

「我正在想，是要去跟妳要手帕呢，還是乾脆就不要這手帕了，我才剛搬來，方向感又不好，怎麼看都看不出妳家的方位，所以就一直待在那裡想東想西的，真不好意思啊！」

「不會啦，反正順手嘛，而且這手帕真漂亮，妳不收回去真是可惜了。」

「啊……」伊婷頓時臉紅，「這手帕沒什麼啦，值不了幾個錢，很普通的款式啦，說不定夜市都買得到……」

若彤發現伊婷不習慣接受別人的讚美，之後曾到伊婷的家裡喝咖啡聊天時，每次只要稱讚她的品味，她就會臉紅不好意思地搖頭說沒什麼，甚至舉出一堆缺點，反而讓若彤顯得自己有些大驚小怪了。

不過若彤知道伊婷並無惡意，只是一聽到別人的讚美，就會習慣性壓低自己的態度。

別用貶低自己來回應讚美

今天若彤下了班回家，在路口遇到伊婷，不過伊婷似乎有什麼心事，邊走邊想，一副失魂的模樣，讓若彤真擔心她的行路安全。

若彤想，還是去提醒伊婷一下吧，免得走路不專心危險。

「喔，是若彤啊。」伊婷看到若彤，從自己的思緒中醒過來似的，連忙跟若彤打招呼。

「怎麼啦，魂不守舍的模樣？」

「還不是……唉，要不要來我家喝杯咖啡再聊？」

「好啊，不過我先回家換個衣服再去。」

「好，我等妳。」

　　若彤整理好儀容，沒多久上了樓，伊婷快步開門迎接她。

　　「咦，一陣子沒上來，妳換了沙發套啊？真好看呢！」

　　若彤一進伊婷的家門，便看到沙發的顏色換成淡淡粉紅花朵的布了，馬上就脫口而出喜歡這個新的沙發套，然而話說出口這才想起，伊婷對於稱讚會不好意思，連忙往伊婷的臉望去，發現伊婷正繃著一張臉，欲言又止的模樣。

　　伊婷拉著若彤坐下來，「今天上班的時候，總公司的長官Jane正好進來開會，當我把最近的企劃案報告完之後，她除了說我的表現好之外，還稱讚我身材保養得好好。妳知道我這人不知如何回應別人的讚美，所以我馬上就說，沒啦沒啦，都三十幾歲的女人怎麼比得過年輕女孩，而且我都胖在肚子上，藏得很好，妳都看不見啦！」

　　「是啊，這種說法很像是妳會說的啊。」

　　「可是，今天我突然覺得，我這樣說是錯的。」

　　「喔？」

　　「為什麼我不能大方接受人家對我的讚美呢？我為什麼這麼害怕接受呢？若彤，我這種女人真不可愛吧！」

就大方的接受讚美吧

　　「唉呀，妳放心啦，在台灣謙虛的教育下，造成像妳這

樣不知如何回應讚美的人多的是，但是我們真的應該做個能欣賞自己優點的女人，要適當地接受別人的讚美。妳夠好，就應該大方的說聲『謝謝』啊！」

「好難啊，每次人家一說『妳今天穿這樣好有女人味喔』，我就會馬上逃避，並說自己沒有女人味，說自己平常像個歐巴桑，一點都不敢接受讚美，唉，我怎麼長這麼大還不懂調適自己的心態啊。」

「不只是妳，很多人也是跟妳一樣，就像是前陣子我們有個大學同學會，有一個好同學就沒有出席，聽說她因為之前生病，吃了類固醇的藥，結果體重大增加，怕破壞形象，所以就不敢來了。其實我們都很想她，外在的改變或許我們會訝異，但是對我們而言，她的人她的心沒變，我們重視的是這個同學、這份友情，好想要跟她敘敘舊，但是她就是不來。」若彤攤手表示無奈。

「是喔？她應該來找妳了解一下怎麼穿衣服能幫助自己，說不定她就不會這麼介意了。」

「或許吧，不過很多時候問題都出在那一顆心，就像妳一樣，人家一誇獎妳，妳就臉紅得猛搖頭不敢承認。」

「我想改，真的。我想大方的跟讚美我的朋友說『謝謝』。」

「是嗎？看來今天的妳有改變喔。」

「沒有啦沒有啦……」伊婷發現自己又開始不好意思，

馬上就改口說：「謝謝妳，啊！說謝謝妳好難啊！我以後一定要習慣，哈哈。」

若彤對伊婷比了個讚的手勢。

用腦袋來改善身材小缺點

「不過話說回來，我也很在意如何能讓自己的胖手胖腳『舒服』的嶄露出來，更想有人對我說『妳這樣穿起來好瘦！』，若彤，教我幾招吧。」

「我先問妳一個問題，妳常穿裙子嗎？」

「咦～穿裙子會露出肥肥的蘿蔔腿耶！」

「那妳敢穿短褲嗎？」

「敢啊。怎麼，有問題嗎？」

「穿裙子讓妳不喜歡的腿型露出來，那麼穿短褲不就從大腿露到小腿？其實大多數的女性穿裙子的修飾效果會比穿褲子還好，穿裙子會露出纖細的小腿，比例會比較好調整。」

「可是，我的小腿很粗耶！」

「妳小腿總不可能比大腿粗吧？」

「這倒也是。」

「另外要注意服飾的比例要配合自己的體型，就像是手腕的骨架寬，就不適合戴很細的錶帶，在對比的狀態下，就會顯得妳的骨架更粗；反過來說，如果妳的骨架很纖細，這

時卻戴了一個寬厚的飾品配件，更會讓妳看起來弱不經風喔。」

「天啊，連這些小東西也這麼講究啊。」

「是啊，用點腦袋，然後小地方都注意好，這樣才能穿出好身形，妳說對吧？」

「我資質駑鈍，看來還是先把這幾點注意好，然後放輕鬆地接受人家的讚美，有了改善之後，我再來請教若彤老師妳吧！」

「好啊，不過下次不要再掉手帕下來『引誘』我了，換包咖啡豆如何？」

伊婷臉又紅了，嚷嚷地說要去煮咖啡款待佳賓了。

孟潔老師的小叮嚀

　　我每天穿衣服並不是只為了能顯露身形才穿，也並非只考慮胖瘦而已，我所考慮的部分包括出現的場合、今天喜歡這個顏色、喜歡這衣服的款式、適合我的風格等等，並不是只顧慮在體型這方面。

　　常然，我不會故意把自己穿得很臃腫，但也不可能每一套衣服都會讓我顯得特別瘦。

　　不過有個穿衣的原則我一定會遵守，若上衣是寬鬆的剪裁，下半身則會選擇比較合身剪裁的褲子或裙子穿著，千萬不要上面寬下面也寬，穿得像是布袋一樣。

　　另外，我也不會只為了顯瘦就把自己局限在某些顏色，因為只要搭配得當，就有修飾身形的效果。千萬不要只為了顯瘦，而去阻礙自己穿衣服的可能性。

以下有幾個我歸納出用腦袋穿出好身形的技巧，妳不妨試試看。

注意尺寸問題：

不要欲蓋彌彰，為了藏肉，結果選了大一號的衣服穿著；另外我們都會有先入為主的觀念，以為自己一直穿的尺寸就是最適合的尺寸，但是每個品牌衣服的尺寸都有些不同，A品牌總是穿M的，說不定到B品牌就是S的尺寸，所以在試衣服的時候，最好可能的尺寸都試過再決定。

有一種相反極端的人，買衣服時都挑選小一號來購買，因為一來不相信自己變胖，二來覺得自己還穿得下去，所以張著眼欺騙自己，但這樣的穿著，會把身上的贅肉都擠出來，慘不忍睹，所以還是請選擇現在身形適合的尺寸才是。

注意比例協調：

穿衣服通常不是指妳穿了什麼，而是怎麼穿比較重要。

很多女人覺得自己的腿粗不好看，所以會盡量選擇褲子穿著，有時這種先入為主的觀念不一定是正確的，所以在買衣服的時候，請盡可能的去嘗試沒有穿

過的類型，說不定妳會發現適合妳的，例如裙子。在穿衣的比例上面，要配合自己的體型，請注意，是跟自己比而非跟別人比！例如小至手錶、手環的佩戴，都會放大或縮小妳的身形。

最後還要說一個重點。

用腦袋穿出好身形，我覺得要符合氣候，不要明明酷熱大夏天，上半身穿著清涼的薄紗，下半身卻穿著一雙雪靴，這雖然也是所謂風格的一種，但只適合在兩季交接時穿著。

所以為了自己，請在穿衣前用聰明的思緒，穿出時尚好身形吧。

外表減少五歲的簡單祕方

大多數的人總覺得自己「已經」多少歲了，這不能做、那不能碰，反而約束了自己的天空～忘記自己的年紀，也是一個不錯的催眠術！

總是羨慕別人青春永駐、看起來都不會老？其實這又牽扯到「天下只有懶女人沒有醜女人」這句話了！

如果能夠吃的好、睡得飽、多加運動以及適時的打扮的話，努力長期做到這幾點，外表年輕個五歲並不困難呢，重要的是妳有沒有這個意志力去執行。

為什麼我比同年齡的朋友老很多

這日是課程的第一天，若彤一如往常的準備好教學內容上課，但是心情卻與平日上課時有那麼一點的不同，因為在拿到的學員名單中，她發現有個名字好熟悉，如果沒有記錯的話，應該就是高中同學宜蓁的全名。

若彤跟宜蓁在高中時並沒有很熟，但是離開學校這麼久，如果又能這麼有緣的碰面，那該有多好，若彤如此的想著。

果不其然，上課點名自我介紹時，宜蓁就自爆是若彤的同學，這種巧合在若彤的教學生涯裡並不常碰到，自然小小高興了一下，不過讓若彤另一個驚喜是，下課後宜蓁來找她聊天。

「告訴我，為什麼妳看起來這麼年輕？為什麼都沒有變呢？」宜蓁一開口就「不懷好意」的說出這句話來。

「怎麼可能沒變？瞧瞧我們都畢業多久了。」

「當初朋友介紹我來上妳的課，我還在想，這名字好熟，該不會是高中同學吧？沒想到真的是，但是，看到妳之後，就讓我後悔了……」

「怎麼？我的課跟妳想的很不同嗎？」若彤好奇。

「當然不是啦，是外表，我們明明是同學，為什麼我現在長的像是妳的高中老師？」

若彤聽到宜蓁的讚美，心裡很高興，女人對於讚美，總是希望多多益善。

　　「妳什麼時候要開『時尚抗老寶典』？」宜蓁認真的問著。

　　「咦？」

　　「我不要歐巴桑的臉和身材啦，我要妳獨家的抗老寶典！」

吃好睡飽、要運動、會打扮！妳做到哪幾點

　　「我那有什麼『寶典』，頂多就是有一套自己的養生方法，如果照著做，起碼能讓妳年輕五歲喔！」

　　「那這課什麼時候開？」

　　「我沒打算開這門課啊。」

　　「若彤同學，」宜蓁故意垮下一張臉的說：「妳藏私，不跟妳好了！」

　　「對這個話題很感興趣？」

　　「不感興趣也不行了啊，晚上睡不好、又經常便秘，要提防工作上的小人，還要擔心老了沒人養，單身女人活得好辛苦！」

　　「失眠和便祕還真是現代人的兩大問題啊，不過，妳有正常吃三餐嗎？」

「只有正常吃午餐，早餐有時候來不及吃，晚餐要不是延後吃就是忘了吃……，這跟年輕有關嗎？」

「有！」若彤斬釘截鐵地回答。

「真的有這麼嚴重？」

「其實我的養生秘方很簡單，只要吃好睡飽、要運動、會打扮，具備這三項，就能使外表年輕五歲以上喔。」

「這三項我目前最多只能做到『打扮』……」宜蓁喪氣地說。

「好吧，花點時間，我們就來討論一下這三大秘訣。」

「耶！」宜蓁小小的歡呼了一下。

吃好睡好：定時定量的飲食和良好品質的睡眠

「我剛已經問過妳三餐的問題，我所謂的『吃好』，並不表示要吃大餐，而是要有正常的飲食。平時我們一忙連三餐都忘了正常吃，經常讓自己餓到受不了，有時卻又吃到撐到爆，再加上工作超累，以及飲食不正常的情況下，拖垮了身體，看起來怎麼會年輕呢？所以許多人有一個年輕人的年齡，卻有一副老人家的身體。」

「對對，我就是這樣。」宜蓁直點頭。

「另外，現在很多人因為飲食不定，總是極飽或極餓又愛吃宵夜，造成胃食道逆流，所以想要避免這個問題，不吃

宵夜是個好方法，然而如何可以不吃宵夜？當然就要早點上床睡覺啦，因為晚睡就可能會想要吃宵夜，尤其是夜深人靜的時候，吃宵夜的念頭特別強烈。」

「很有道理啊～那麼，平常妳都怎麼吃？」宜蓁問。

「我不會刻意不吃，但吃飯時盡量吃六分飽即可，如果可以養成三餐正常、不吃宵夜，原則上對於控制體重就能有很好的績效，或至少也能維持目前的狀態。」

「每餐六分飽？這一點兒我從來沒想到，難怪妳的身材會這麼好！」

「還有，蔬菜水果每天一定要吃，尤其是外食族更要注意，在買三餐時，記得選購沙拉、果汁、優酪乳等，視自己的狀況多吃一些蔬果。這些都做得到吧？」若彤一口氣說完重點。

「不吃宵夜，可能很難做到，因為經常加班到八點、九點的，回到家都十點多了，不過我會盡量做到三餐定時定量，宵夜少吃。」

「處理了吃的問題，現在就要看睡眠的問題，製造一個良好的睡眠環境是重要的，很多人在睡覺前還在用腦筋煩惱著明天的事，越擔心就越無法好好休息睡覺，反而讓明天的精神更差。」

「這真的沒辦法，我一上床就開始想明天哪一家的帳要處理、誰家的資料還沒來，越想越煩心！」

「或許妳可以製造一個喜歡的睡眠氛圍，例如買一個昏黃的小燈，或是能反射到天花板的星空投影燈，再設定香氛機，讓臥室充滿妳喜歡的精油味道，甚至在睡前播放輕柔的音樂小品，讓睡眠這件事變得舒服又恬靜。」

要運動：找一個自己真正喜歡的去執行

「至於運動嘛……」

「我知道運動很重要啊，但是每天下班後累得要死，天天都掙扎得要命，看看天使和惡魔哪一邊贏……當然，通常是惡魔戰勝。」

「但是有運動習慣的人，看起來會比較年輕，至少體力也會比較好喔。我就是一個很好的例子。」

「我知道啊，我也經常下定決心，一定要運動，所以就跑去健身中心買個一年期的會員，花了好幾萬元，可是，買了之後由於健身中心離家比較遠，去了幾次之後就不了了之，浪費了我的私房錢，唉，真討厭！」

宜蓁又說，為了執行每天運動這個計畫，既然健身房路途遠，會懶惰不想去，那麼買台跑步機在家裡運動總成吧？

「在家裡邊看電視邊跑，不用出去風吹日曬的，這樣的運動應該可以維持吧？答案是，跑了幾次之後，就變成一個占空間的機器了。唉！」

「既然知道自己懶，就要有懶人的運動方法，」若彤開始把自己的經驗告訴宜蓁：「第一，一定要選自己最愛的運動，這樣才會持之以恆；第二，運動的地方要離家近一點，連家裡都不願意運動了，再選一個離家遠的地方，更不可能天天執行。第三，或許妳可以找運動伴來一起運動，互相督促。」

　　「我試過，但可能是意志力薄弱，通通都不行啊～」

　　「假設這些妳都辦不到，那只好從生活中尋找運動的機會，例如走路也是很好的方法，可不可以設定上下班之間的一段路用走的？上班如果趕時間，也可以下班回家提早一兩站下車，然後走路回家？」

　　「嗯，走路我倒是可以，我可以先試著提早一站下車，讓生活節奏慢下來，對了，我突然想起來，讀書的時候放了學，我都會跟同學邊唱歌邊走路回家，真是一段美好的回憶。」

要打扮：年輕的心態以及穿著適合的衣服

　　「最後一招，要打扮。」

　　「我知道打扮的重要，所以我才會來上妳的課啊，哈！」

　　「私下傳授妳一些打扮的祕訣。」若彤笑著說：「有些

人擔心顯老，所以就穿著不符合年齡的衣服，故作年輕打扮，這是有點太過之的表現，因為過於可愛或流行的衣服會太搶眼，反而會讓自己顯得突兀並且有老態感。」

「那要怎麼穿才對呢？」宜蓁問。

「要改變自己形象，就不要穿著過老氣或不適合外在年紀的衣服，但是請注意，這裡是以『外在』的年齡而言，而非實際的年齡喔，因為如果保養得好、看起來年輕，穿上符合實際年齡的衣服，反而會顯得老氣呢！」

「對耶！我們辦公室的秘書，就是這樣。」宜蓁點頭。

「現在有很多的方法可以讓外在看起來年輕，我覺得形象要內外兼具，醫療雖然是快速解決的方法，但還是要靠平常的努力，這樣才能延緩因為年齡而產生的折舊率。」

「老師說的是。」宜蓁故意雙手合十，為敬佩的若彤行一個禮。

「幹嘛這樣！」

「唉呀，妳現在可是我的老師，我得好好尊敬妳，這樣我的外在形象和內心崇高的境界，才會有所歸依啊！」

聽宜蓁這樣唱作俱佳的說著，讓若彤回想起高中時宜蓁就是一個樂觀、愛開玩笑的女孩，她真心希望宜蓁能恢復年輕時的笑容，至於外貌，她想一定有辦法能督促宜蓁做到這些重點，讓宜蓁外表至少減個五歲，更希望能永遠讓她年輕有質感！

孟潔老師的小叮嚀

　　我自己很愛美食，但如何能夠擁有健康和好身材？我覺得一定要選擇自己喜歡的運動，這樣才會持之以恆，並努力去持行它。

　　其實忘記自己的年紀，也是一個不錯的催眠術。很多人每當過生日，就覺得時間過得真快，自己已經XX歲了，不老也不行了！但是有一些人卻能反方向思考，一直把自己的年齡設定在一個喜歡的歲數，例如28歲，我認為這也是個讓自己變年輕的好方法。

　　因為大多數的人總覺得自己「已經」多少歲數了，這不能做、那不能碰，反而約束了自己的天空，所以當忘記真正的年齡、把心態放在自己最理想的歲數，然後有活力的生活著，這比整天擔心老化的人活得更有生氣。

　　與其花時間去羨慕別人年輕，還不如自己要起而行，一切都不會嫌晚。

　　有一天我們都會年華老去，外在無法維持年輕時一般的美好，再怎麼去努力都抵抗不了這結果，可是，妳可以好好的愛自己身上的這一個殼（身體），因為妳愛她、努力珍惜她，她才可以陪伴妳更長久，最起碼是健康的陪伴著，而即使有一天妳長出皺紋，也因為妳的優雅，可以讓它變成妳智慧的象徵。

　　規律的生活，是寵愛自己的好方式，身心健康才會讓妳顯得不老，希望大家外在和心態都能比實際的年齡年輕、豐富、有活力。

任何年齡，
都能善用女人的魅力

女人的優勢之一，就是能以柔克剛，而且還可以剛柔並濟！

發生問題時，妳是只採用道理跟對方硬碰硬的解決嗎？

有沒有想過，適當的運用女人天生優勢來把問題化解？

不要忘了老天爺給女人的優點和魅力所在，不僅可以呈現在外表，讓妳時尚美麗，也能使用在與人的溝通上！以柔克剛或剛柔並濟，都能讓大家愉快的溝通事宜喔。

誰說一定要MAN才行？

郁婷，室內設計師，從國外讀完碩士之後，就回台灣工作。記得她第一天上班，公司剛好與若彤合作，請若彤為全體同仁上課，以提昇企業形象。

這次，郁婷在工作上遇到的一些挫折，老闆聽了後說：「我看，妳去找若彤諮詢一下好了，若彤目前是專業的形象顧問，最早也待過室內設計公司，妳遇到的問題，相信可以在她那邊得到解答。」

郁婷因為工作的緣故，需要經常跑工地，跟施工的師傅們溝通。

說溝通，其實有點像是郁婷在自說自話，因為這些老師傅根本不聽郁婷的建議，覺得她是個菜鳥，只會理論不懂實際，台語又說的七零八落，所以經常當郁婷理直氣壯的說明要這樣做時，只要師傅用台語反問她一句，她就呆在那裡無法回應，因為她幾乎聽不懂每一件施工用具的台語說法，尤其那種從日語轉成台語的專有名詞，怎麼聽，怎麼不解。

現場經驗不足，讓郁婷吃盡苦頭，她一邊加速學習，一邊也讓自己更MAN一點，去面對總是對她搖頭的師傅們。但是她發現，這種現場學習的眉角，是需要時間來了解的，而且這些老師傅們根本就看穿了她的心思，不管她如何用中性的語言與他們交談，或者把螺絲起子也唸成「螺賴把」，

卻總是看到這些師傅搖頭偷笑，彷彿她是個只會讀書的傻子。

這讓郁婷十分的崩潰，每次鼓起勇氣去工地巡視，每次也低頭喪氣的回公司，老闆看這樣下去不是辦法，於是推薦她向若彤諮詢，希望若彤的專業能幫助郁婷。

硬碰硬是解決不了問題

「這些人真是不可理喻！」郁婷跟若彤碰面時，她就不隱瞞的直接說出自己的感受，「師傅總認為我是個菜鳥，都不聽我的話，為了讓師傅比較看得起我，所以我就用男人的方式跟他們相處。」

「男人的方式？」

「是啊，就是裝MAN嘛，態度MAN、講話語氣也MAN，心想這樣比較能夠打成一片，但是沒想到他們還是不理我……」郁婷洩氣的說。

「妳明明就是一個小女生，用這種態度，師傅反而會認為妳是小孩玩大車、在裝什麼吧？」

「是有點這種感覺，但是，妳叫我怎麼跟他們相處啊，他們都認為我是小妹妹，沒人在乎我是室內設計師啊。」

「妳有沒有覺得裝MAN這部份，似乎弄錯方向了？」

「他們這種人不MAN怎麼溝通？」

「妳一直從強硬的方面來想辦法解決，怎麼沒想到反向思考，想想女人的優勢？」

「女人的優勢？這一行沒什麼女人的優勢吧？」

「請利用老天爺給妳的優勢吧，就像是妳不會期待一個男人用女人的方式來對待妳吧？」郁婷聽了吃了一驚。

「既然如此，妳為什麼不用女性的方式來跟男人相處呢？」

「老師，妳的話我聽得很清楚，但又很模糊啊！」

善用女性優勢處理雜症

「舉一個例子，說不定妳溫柔一點的對待師傅們，反而他們會受寵若驚，覺得自己很吃香？」

「我沒試過，而且我不想低頭，那些師傅本來就做錯啊！」

「這不是誰先低頭誰就輸的遊戲，男人好面子，當妳在他的面前爭辯誰對誰錯時，有沒有想過，這師傅帶領著一班徒弟做事，怎扯的下面子、認得了錯？當然死也要跟妳辯啊！」

郁婷聽了不說話，於是若彤又繼續說：「雖然說有理行遍天下，但是我們也常說『情理法』，別忘了『情』的重要性，如果這時妳退一步，雖然當下沒面子，但是卻可以完善

的解決整件事情，妳最重要的不就是把事情解決嗎？而且因為妳給了師傅面子，之後發生問題時，他會記得妳給的這份情而挺妳。」

「我很難接受這樣的處理方式，但是，老師也說的對，硬碰硬是解決不了事情的，有柔軟的身段才好做事，我明天就來試試看。」

「那要『順便』更改穿衣服的方式嗎？」

「老師怎麼知道我上班的衣服也有問題？」

「我是覺得妳穿的好像太中規中矩的感覺了，有點刻板。」

「我還拿捏不穩上班要怎麼穿耶，老師……」

「是的，老師現在就帶妳去逛街，看看哪些衣服適合妳上班穿著！」郁婷高興的挽著若彤的手臂，看來上班適合穿什麼衣服也困擾了她好一陣子。

有個性也有女人的魅力

若彤在服飾店裡挑了幾件衣服，要郁婷先去試穿，不過郁婷一看到這些看起來比較有個性的衣服，連忙問道：「這……這適合我嗎？」

「妳不就是要改變？如果還停留在過去習慣的穿著方式，今天我就不必帶妳來逛啦！」若彤笑笑的跟郁婷說。

「也是啦。」郁婷嘟著嘴，勉強露出笑容。

「改變是需要勇氣的喔。」

郁婷拿著衣服進了試衣間，試穿了幾件之後，她看著鏡子裡有型的自己，嘴角不自覺上揚。「原來我也可以穿這種有個性的衣服啊。」

她望著鏡子喃喃自語，「我一直以為我只適合穿『好媳婦』的衣服啊……」

「是啊，這就是矛盾點啦，妳經常穿看起來像是好媳婦、中規中矩的衣服，但是妳在工地面對師傅，又用一個男人的態度來對待他們，難怪師傅們不知道該怎樣來對妳。」若彤要郁婷好好看清楚鏡中自己現在的模樣。

「妳就是沒有把老天爺給妳的這些魅力給散發出來，妳看，妳現在穿著有個性的衣服，看起來卻不像是男人婆。」若彤挑出剛剛郁婷試穿的女裝，「像是這件，剪裁硬挺的款式就可以呈現出妳的個性喔，還有，千萬要記住，有個性跟男性化是兩回事！」

過了幾天，郁婷打電話來報告近況。「那些師傅嚇死了，頻頻問我是不是吃錯藥了！」

郁婷說她穿了新的衣服和帶著新的心情去工地，師傅的堅持點她也有聽進去，結果卻讓工地裡的大小師傅都大吃一驚，說以前就這樣溝通不是很好嗎？

「真是沒想到退一步海闊天空耶，他們還請我喝珍奶，

並告訴我，不要每天加班，要多出去認識男生，要把握青春！」

「咦，這樣說妳，妳沒有生氣喔？」

「生氣？生什麼氣？我很喜歡他們這樣關心我呢。」

若彤知道郁婷對於這些師傅已經沒有成見了，希望郁婷努力於工作，堅持自我的專業，放軟身段用心溝通，期待幾年後她能成為一位可獨當一面的室內設計師。

孟潔老師的小叮嚀

　　女人的優勢之一，就是可以以柔克剛，而且還可以剛柔並濟！既然是老天爺給我們專有的優勢，為何不使用它呢？

　　不過有人覺得，利用女人柔性的一面，就是物化了女性，或者是顯示女人為弱者，其實善用自己天生的優勢是重要的，這世界上如果男人不MAN、女人不媚，那麼男女之間就沒什麼區隔了。

　　關於情與理，過之與不及都不恰當，身為女人可以使用以退為進的方法來行事，有時候給足了對方的面子、讓對方有台階下，反而是另一種說服對方並達成目的好方式。

　　只要抓對訣竅，態度堅決但口氣不用太過堅硬，或者也可以帶點微笑，這樣也是可以順利解決問題。

至於成見問題。有時當妳覺得別人瞧不起妳，經常問題是出在自己錯誤的感覺，而非別人的眼光。

　　當妳覺得別人瞧不起妳的時候，不管他做出什麼表情和眼光，妳都會感覺到「瞧不起」的元素，而妳也因為認同了這個感覺、想法，所以更加確認對方對妳的不友善。

　　有成見就要盡量去解決，免得因為成見而誤事。然而當事情發生時，很多時候我們都會覺得問題一定是出在對方身上，一把怒火熊熊燒起，但是不論如何也請妳靜下心，細心思考別人為什麼會有這樣的舉動？

　　有時候退一步路真的海闊天空。

Part2

培養時尚風格，
so easy

真正的時尚是什麼？穿黑色就能瘦嗎？
本章將讓妳學會做個真正的時尚女！

名牌，買適合的才搭

不要做名牌的奴隸，每個時尚品牌的設計感都各有特色，並不是人人穿戴後都能顯出自己的風格！

喜歡名牌，這是無可厚非的，因為這些國際的時尚品牌，本來就有其代表的精神，我們可能在某些場合因為工作或身分需要它的存在。

但重點是，妳是因為喜歡這個品牌而買它，還是不怎麼喜歡，卻為了炫耀、虛榮心而揹這個名牌包？

名牌是女人自信心的靠山嗎

「老師，為什麼有這麼多的女人喜歡名牌？」

某日下了課，曉婕等著若彤將上課教材收拾好，兩人高興的挽著手，到附近的一家咖啡館聊天。

曉婕已經參加好幾期若彤的專業形象課程，她是個活潑開朗的女孩，平常下了課，總是跟若彤討論課後作業，也會分享自己的近況。這種親密的聯繫關係，讓若彤把這個二十多歲的女孩，除了當學生看待之外，還有一份朋友的情誼。

她知道曉婕最近跟男朋友分手，心情有些煩悶，今天會約喝下午茶，也大約知道狀況，於是準備將自己扮演成情緒垃圾桶，讓曉婕好好的抒發一番。

她們進了咖啡館、點好咖啡後，曉婕就迫不及待的問了若彤這個問題。

「是怎樣？拿了名牌包就顯得貴氣嗎？還是虛榮的表現？」曉婕憤憤不平地說。

若彤知道曉婕最近有個願望，想要買一個名牌經典包提在手上，而突然會有這樣強烈的想法，原因很簡單：曉婕的前男友剛送給了新交的女朋友一個名牌包。

以前她就常聽到曉婕提過這段戀情。例如曉婕跟前男友在一起的時候，每天都會幫他省吃儉用，連喝杯珍珠奶茶都要兩人分享（曉婕很習慣隨身帶著隨手杯使用），而為了讓

前男友早日脫離月光族的行列，曉婕幫他記帳、理財存款，兩人盼望著幾年之後能有筆錢，可以去英國玩上一個月。

但是沒想到，人算不如天算，因故兩人分手了，很快前男友就找到新歡，並且大手筆地送給新女朋友一個價值不斐的名牌包，這個舉動讓曉婕簡直氣瘋了，在家哭了幾天，罵自己是白癡，心情糟透的她，這天才會約了若彤出來談心。

「我還發現公司裡有一個只穿名牌的小圈圈，」曉婕說，「那幾個女人，天天都穿著名牌衣、提著名牌包，好像不這樣穿，就顯不出自己的格調、就會被朋友們排擠似的。可是老師妳也知道，我們上班族一個月才賺多少，哪有可能每個月都有錢可以買名牌包，有時候多買幾件衣服錢就不夠花了。」

「是啊，買名牌真是要量力而為，而且為了名牌買名牌，我十分的不贊同，」若彤這樣跟曉婕說，「而且我也知道，有些人很喜歡穿某個視覺十分強烈的名牌衣，讓人一眼就能『猜』出她穿的是哪個品牌的服飾。」

「對啊。」曉婕說完還假裝翻了白眼、搖搖頭，這個舉動逗的若彤忍不住笑了出來，曉婕自己也哈哈大笑。

為了折扣而買，是賺了還是倒貼

若彤聯想到幾年前曾參加法國旅行團的插曲。旅行中有

一天的行程是參觀某間知名的百貨公司，導遊讓他們在此自行活動幾小時。

在大家很高興的鳥獸散之後，若彤便到處閒逛著，後來在一家台灣人很喜歡的名牌店裡，發現幾乎所有的團員都自動在裡面「集合」，大肆血拚，讓她有一種歡欣鼓舞、熱血過節慶的錯覺。

她看到其中一個團員，挑選了一款不是她的「菜」、回台灣一定不會提的包包，她好心的想提醒這個團員一下，沒想到對方居然說：「這價格是台灣的六折耶！妳看，我多賺了好幾萬塊耶！」團員的眼睛冒著如同少女漫畫裡的閃閃星光，「不買真是浪費了！」

若彤覺得當場真的快要被這個團員的激情所折服了，若彤知道，對這位團員而言，這時名牌貨已經不僅是名牌貨了，而是追星的渴望。她也知道這時說什麼都沒用，於是就放手讓她繼續血拚去。

若彤將這段插曲告訴曉婕，搖頭的說出她的想法：「一個名牌包就算是打完六折也要十幾萬元，當買回台灣後熱情散去，最後也是放在儲藏櫃中，不會拿出來使用。留下的只有血拚時的快感，以及收到信用卡帳單後的長嘆。」

就算餓肚子也要買名牌包

「不過，話說一個名牌包這麼貴，妳的同事都怎麼過活啊？」她好奇的問著曉婕。

「有些是不用給家裡錢、沒錢還能伸手拿零用錢花的，有些就表面風光、暗地辛酸嘍！」

「怎麼說？」

「就天天穿著名牌衣，光鮮亮麗像個小貴婦，為了省錢，一天只吃一頓飯，餓了就買便宜的麵包來填飽肚子。我問過其中一個比較有打交道的同事，她說這樣不苦，能買到名牌包才是最重要的事。」曉婕雙手一攤，莫可奈何的模樣，「不過餓死自己來買名牌包這還算好的，我還有朋友都買仿冒品，拿的可高興呢。」

「價值觀有時還真能左右人的一生呢！我也常想：到底是人穿戴名牌，還是名牌在穿人？」

說到這，若彤想起某個案例，連忙跟曉婕提起：「我有個朋友總是喜歡買某個名牌的基本經典款，其實依照她的身價，她可以買比這個品牌更高級的名牌貨，而她會選擇這樣做，不是因為愛它的形象，而是因為這是所有精品品牌之中最便宜的貨色，老實說，就是想要穿搭名牌但又不選適合自己的、而是以價格為第一要素。」

「喔？真是個奇怪的人！」

「因為她不愛這個品牌，只是把它當成能用最少的錢來裝飾身分地位的配件，在沒有喜愛的情況下，就算這個品牌的形象優質，但包包拿在她的手裡，還是顯不出氣質與品味的。」

若彤的精闢分析讓曉婕聽了直點頭。

瞭解名牌對自己的意義

「好吧，現在讓我們將話題轉到妳自己的身上」若彤故意點曉婕一下：「既然妳認為買名牌貨是心態問題，那妳還想不想買名牌包呢？」

「唉呀，老師，我以前就曾經很想買一個經典名牌包啦，除了它是名牌之外，我看上的是它的質感和耐用度，我總覺得我三十多歲之後，拿著那個包包，一定很配合我輕熟女的氣質，」她高興的臉蛋突然又轉成黯淡，「只是沒想到，我的前男友居然這麼大方的，就送給他新女友一個我朝思暮想的名牌包，我突然好洩氣，好想把所有的錢都提出來，買一個包包給他看看。」

「但是，給他看幹什麼？現在買了名牌包，反而破壞了我的存錢計畫，等到過幾年我更適合名牌包、名牌包也更適合我的時候，我再去買回來使用，這不是很好？」

「喔？」聽到這裡，若彤知道曉婕已經想開了。

若彤望著似乎已經釋然的曉婕，心裡想著，天底下的女人，若都有曉婕一半的客觀和理智，這些時尚名牌，可能就要關門一半了吧？

　　「說真的，女人想要脫離名牌的迷思、摒棄虛榮心，只有真實的面對自己才做得到，就像是已經分手的男友就別再在乎他，同樣也是需要自己獨力面對現實的勇氣啊！」若彤最後還是忍不住將曉婕目前最不想揭開的傷口提出，真心希望曉婕除了能看透名牌的迷思，也能重新振作自己的人生。

　　「老師，放心放心啦。」曉婕笑著回答。兩人雙眼對望，那種知心的感覺全在不言中了。

孟潔老師的小叮嚀

　　不要做名牌的奴隸，每個時尚品牌的設計感都各有特色，並不是人人穿戴後都能顯出自己的風格！不適合妳的，穿上後反而毀損了該品牌的價值，並且破壞了妳自己本身的質感，好像只是在幫這個品牌打廣告（這個廣告還不一定是好的），自己卻一點好處都沒有。

　　有些人喜歡名牌卻因價格問題無法負擔，於是就去買仿冒品。或許妳穿著或提著仿冒品衣服、包包，表面好像很心安理得，不過妳敢就這樣穿著進入這家名牌店嗎？不敢這樣做，代表自己也很心虛。所以妳買名牌仿冒品的目的是什麼呢？想要顯示的是什麼？

　　如果妳沒有這個能力去買正牌的名牌，何不將錢花在妳能負擔且設計感和質感兼具的衣飾呢！

　　我很希望妳是真的因為喜歡這個品牌而買下它，如果目前沒有能力購買，也請不要買仿冒品來使用，妳可以將花在仿冒品上的錢存下來，一段時間後變成一筆足夠的金額，再去買喜歡且適合自己的正品。

　　這時妳可以選購此品牌的經典基本款，千萬不要去買流行款！因為既然能力有限，若是選購了流行款，也代表這個名牌貨只能短期使用，退流行之後就不好拿出來穿著或使用。

　　另外，有些人是買得起名牌貨，但是卻捨不得用，總是在等最好的時機再拿出來使用，但是這真的很難，尤其是人的喜好可能會改變，而且年齡和身分也會跟著時間而變化，可能現在當成寶的名牌貨，隔了兩、三年不愛了，也可能不適合自己了，那不是很可惜嗎？

　　我的建議是，買了就要經常拿出來用才對。

　　最後再提醒一點：別讓名牌控制了妳，是妳在享受它們的美好。

別為了顯瘦成為黯淡女

　　將衣服穿成直線型，利用視覺效果改變體型！使用化妝品或飾品，刻意打亮臉部附近，這樣會顯得有精神，也能讓人轉移對身材的注意，變成焦點是在妳燦爛的臉龐喔！

　　如果妳喜歡也能駕馭黑色的話，那麼黑色穿在妳身上便會很好看。

　　但如果只是為了單純的顯瘦、不是那麼愛這個顏色的話，那麼黑色的優點很可能就無法在妳身上發揮作用！

　　而且只穿著黑色，反而浪費了其他色彩可以帶給妳更美麗的生活喔！

人間最棒的讚美：妳好瘦喔

26歲的簡芳，至今的人生可說是用減重堆起來的。她是個對「胖」字眼敏感到快休克的女人，很討厭聽到有關「胖」、「重」、「肥」、「懶」之類的字眼。

她的體重和身高比例，雖稱不上瘦，頂多是稍微豐滿了一點，但是不論她的朋友怎麼跟她說這個事實，她總覺得朋友都是惡意要她繼續胖下去，所以怎麼都勸不聽。

她很喜歡穿黑色的衣服，不管春夏秋冬，永遠都是一身黑，黑色是她的最佳保護色。至於為什麼會一年到頭都穿黑色衣服？起因是在四、五年前的某一天，她穿了一套黑色的洋裝去參加高中同學會。

由於高中畢業已久，同學們很久未見面，於是先到的同學們便開始起鬨，看見有人走進餐廳就開始猜她的名字。

「簡芳！」她才一走進餐廳的大門，就有同學認出她了，簡芳也知道自己從小胖到大，外型是最好認的，雖然她為了這次的同學會，已經減重了一個月、瘦了1.87公斤。

當她這樣認為時，卻忽然聽到了這輩子最美妙的形容。「簡芳，妳怎麼這麼瘦？」

「有……有嗎？哈哈，妳人真好！」她嘴上這麼說，但內心已經高興的像小天使亂飛。她以為是那天的黑色服裝是讓她顯瘦的主因，自此黑色就成了她服裝的唯一顏色。

你真的甘心做黑衣女郎嗎

不管朋友怎麼勸她，簡芳的「官方色彩」就是黑色，頂多衣櫃裡會有幾件深咖啡或鐵灰色的衣服搭配，朋友到最後也懶得理了，隨她去做黑衣女郎。

不過前陣子她出門逛街，遇到了一個能言善道的專櫃小姐，推銷了一套據說會讓她穿起來「輕盈美妙」的粉彩洋裝。

可能是專櫃小姐懂人心、甜話說進心坎裡，雖然不是黑色系的衣服，簡芳也剛好想換個口味，於是就想先試穿看看，若真的好看，再花大錢買下來，等下個月大學同學結婚時穿上。

當她在試穿間把這件淡粉紅色層疊設計的洋裝穿上後，一開門，還沒見到笑臉迎人的專櫃小姐，就聽到一旁等待試裝的女孩，撇著頭小聲的跟男友說：「蛋糕耶！」簡芳聽到臉色大變，默默地又把門闔上，把衣服脫下來，還給以為生意一定會做到的專櫃小姐手上。

簡芳的好友淑婷是若形老師的學生，某日課後淑婷就刻意提到簡芳的近況，希望老師能給些建議。

「我不大贊成為了顯瘦而穿了一身黑，因為黑色看起來雖然很好搭配，但是實際上它並不是個好駕馭的顏色，經常會讓人顯得黯淡、沉重許多。」

千萬不要就這樣「黑」了一生

　　「是啊，我們都這樣跟她說，可是，沒辦法，簡芳對黑色簡直著了魔，我們都覺得她像在『守活寡』！」淑婷看著若彤嘆口氣說：「老師，我真羨慕您，您好瘦喔！您應該都沒有減肥的苦惱吧？」

　　「很瘦嗎？可是我這樣的體重已經維持至少十年左右了吧，但一樣的體型，十年前沒人說我瘦，但十年後的現在，卻成了好瘦的代表，這表示十年來人們對於『好瘦』的表現和感覺有所改變嗎？」

　　「我不知道，但是，大家都還是覺得瘦子就是美。」淑婷攤手這樣表示，「對了，老師，您幾公斤？」或許是真的很好奇若彤的體重，淑婷突然這樣問起。

　　「妳沒有看我的書喔？」若彤笑著問。

　　「咦？老師您的書上有寫您的體重喔？」淑婷好像發現新大陸一般興奮地問著。

　　「不是。」若彤假裝嚴肅的說，「我書上是寫著，不能問人家幾公斤喔！」

　　淑婷一聽，原來是自己問了女人的忌諱，老師在跟她開玩笑，自己也不好意思的大笑起來。

　　「我想很多人一定很羨慕我，一點胖也不用減，並贏得大家的讚美，如果說『好瘦』是讚美的話。」

「是啊，我也好想有人說我『好瘦』喔。」

「妳那個朋友應該更想聽到這句話，」若彤的腦子一轉，想到一個好計策，「對了，淑婷妳有空約妳朋友來教室一下，我來想辦法『默默』開導她一番。」

人生是彩色的，不是一團烏黑

經過幾日後，淑婷帶著簡芳到若彤的教室，讓她坐在教室外等待淑婷下課，然後一起去喝下午茶。

簡芳那天穿著黑色長T恤、黑色長裙，斜揹了一個黑色包包，一個人暗沉著臉坐在教室邊，不知情的人看到她，會以為她心情很差，一臉生人勿近的模樣，不敢靠近。

下課後，若彤跟同學聊天，在教室門刻意未關的情況下，跟同學說了一個案例。

「我有一個朋友長得漂亮又聰明，但是她最近胖了幾公斤，變得一點自信都沒有。每次跟我們約會喝咖啡，都看到她在『糟蹋』自己，看到什麼衣服就穿什麼衣服來，問她為什麼不好好打扮一下？她居然說：『反正胖了，穿什麼都不好看』，一副放棄的模樣，真是叫我們這群死黨為她感到難過。」

「我也有這個經驗耶！」其中一名學員附和。

「這個朋友一直在乎著胖這回事，在乎到生命裡只有

『胖』這個缺點，其他的優點全不見了，其實她除了多注意自己的飲食和運動，慢慢減重之外，只要稍加化妝打扮，以及穿對衣服，根本沒人會去注意她所謂的『胖』。」

「那要怎麼穿才對呢？」學員問。

「例如不要穿得像個布袋、不要穿深又重的厚底鞋，要把衣服穿成直線型，或上寬下窄或是上窄下寬的款式來搭配。另外，可以利用化妝或飾品，刻意打亮臉部附近，這樣會顯得有精神，也能讓人轉移對身材的注意，變成焦點是在妳燦爛的臉龐喔。」

若彤從台下淑婷臉上的表情，知道門外的簡芳有認真聽著她的講解，她希望簡芳真的能聽進去這些舉例，快點改變她的生活，不要再因胖而失去更多美麗的人生。

過了幾日，淑婷帶來好消息。簡芳很在乎若彤那天所說的內容，當日下午她們在逛街時，淑婷就發現簡芳的笑容多了些，她發現簡芳想改變自己，當然也馬上給了讚美。最棒的是，簡芳也想報名下一次的形象美學課程。

「總之，黯淡黑女要改變了，我會繼續督促她的，謝謝老師！」

孟潔老師的小叮嚀

　　大部分的人都認為，瘦的人穿什麼都好看，所以萬事以瘦為先，不過我反倒認為這是為自己的偷懶找藉口，把所有穿衣的問題都拋給胖瘦問題，其實最主要的關鍵還是在於自己。

　　反向思考一下，就因為胖、身材不好，所以我們更應該好好的從穿衣下手、改變自己，認真過日子！若只是把罪過都給了身材，就此放棄自己、隨便穿穿過活，也表示妳向這一輩子專屬妳的美麗說再見了。

　　穿對衣服，就可以讓自己顯得更瘦、更漂亮，並且更有自信與魅力！有些人看起來顯瘦，只是利用視覺錯覺原理的技巧，所以穿對衣服的瘦，和塑身減重的瘦，哪種來的容易和快速呢？

　　這裡告訴妳幾個利用穿著顯瘦的方法，快點逐步試試看吧。

1.若為了顯瘦而穿著深色系的服裝，不要全身上下都穿著黑色，這會呈現不討喜的狀態，並且會顯重。

2.因為人與人的溝通重點是在臉部，如果是不打扮、呈現暗沉，會給人一種氣色不好的錯覺，尤其是穿著暗色系服裝時，更會造成這樣的問題。

這時可以利用顏色輕盈的飾品，例如項鍊、耳環，在臉龐附近打亮自己的氣色。另外，若是在工作、晚宴等特殊場合一定要穿著全套黑色服裝的話，這時也請要上妝，改變自己的氣色，讓黑色的深沉力量不要那麼強，同時又使自己明朗有精神。

3.如果妳有渾圓的身材，穿衣服時請記得：盡量把自己穿成直線型，因為直線強調的是上下的高度，會讓人看起來比較瘦一點；另外不要上下皆穿太寬鬆像布袋的服飾，盡量以上寬下窄或上窄下寬的款式相互搭配。

最後讓我們談談心理因素。我同意瘦下來之後穿衣的選擇性比較多，但是如果妳是那種怎麼減也瘦不下來的人，那麼是否可以接受現在的妳？好好的愛自己，為現在的自己打扮。

　　如何看待自己，是會影響妳所表現出來的自信
度，而所表現出來的自信度，則又會影響他人對你的
形象觀感，也就是別人怎麼看待妳，這些都是環環相
扣的。

　　女人有個很可怕的習慣，那就是會把注意力都放
在自己主觀上的缺點，而永遠看不到自己的優點，不
會想著要把優點顯現出來，只是想著如何遮蓋缺點，
這是一個本末倒置的想法，相信這個道理妳一定會懂
得。

穿黑色是時尚還是躲避

黑色是一個很重的顏色,當年齡漸增,黑色的能量與身體狀態不相等時,我們就要改變穿著的顏色,選擇亮麗、鮮豔的顏色,來讓氣色變得更好。

妳是因為喜歡黑色這個顏色,還是為了躲避某些問題而穿黑色服裝?

黑色是個讓人有極端觀感的顏色,有人很忌諱,有人卻離不開它。

不管如何,請注意穿黑色衣服時該避免與加強的地方,如此才能展現黑色的優點,而非將缺點都顯在臉上喔。

黑色是討好還是不討好的顏色

　　這天若彤的時尚專業形象課程，進度介紹到女人又愛又
怕的黑色。她慣例在課堂上丟出「最喜愛顏色」的討論，然
後慢慢引導同學來正視顏色所帶來的問題。

　　果然不出所料，台下的學生對於各種顏色反應熱烈，尤
其是黑色，正反支持均有，到最後甚至演變成「為什麼愛穿
黑衣服」的激烈討論了。

　　若彤發現每次跟學生提到「黑色」的問題，都能引起廣
大的回響，可見黑色真是女人在乎而且相當在乎的顏色。

　　若彤發現反應最激烈的就算是雅雯了。「我每次穿黑色
的衣服都會被我老媽罵！她很不喜歡我穿黑色的，說什麼這
個顏色不吉利，說以後老了我就會知道。」

　　雅雯，一個20來歲的女孩，穿衣服十分有自我的風格，
完全不像一般女孩子喜愛粉紅色或花樣複雜的款式，她總是
穿著一身深色系的衣服來上課，黑色是她的主色，時尚簡單
俐落。

　　若彤依照雅雯的穿衣習性，猜測她可能是在設計圈或時
尚圈工作，答案也正是如此。雅雯大學一畢業就進入某個室
內設計公司上班，穿衣的習性深深被公司裡的同事改變，逐
漸演變成這種黑色穿衣風格。

　　「我媽說，整天穿的黑溜溜有什麼好？每天加班熬夜都

沒精神了，臉上黯淡無光、死氣沉沉，穿上黑衣服，剛好變成一個遊魂鬼！不過，我才不覺得呢！」

由於雅雯這組的討論聲音實在很激烈，讓若彤不得不先為她們處理這個事端。

為什麼女人步入中年開始拒絕黑色

「抱歉，我的想法也跟妳媽媽一樣耶，『妳以後就知道了』！」若彤一開口，就讓整個小組停下討論，眼睛都盯著若彤看，尤其是雅雯，一臉想知道老師為什麼會這麼說的理由。

「雅雯，因為妳喜歡全身都穿黑色的，再加上不喜歡化妝，所以看起來會比較沒精神，至於妳媽媽說的『老了就知道』，我猜想這應該是妳媽媽的經驗之談。」

「喔？我媽她不喜歡穿黑色的，她很喜歡穿亮一點的顏色，越鮮艷越喜歡呢！」

「妳知道為什麼嗎？」

「這不就是各人所好嗎？」

「現在喜歡穿亮麗顏色的衣服，不代表以前年輕的時候也喜歡喔，說不定妳媽媽以前也喜歡穿黑色，但不再年輕後，發現一些問題，才會逐漸改變成喜歡穿亮麗的顏色。」

「什麼問題？老師快說！」同學們連忙起鬨要若彤快點

把答案說出來。

「衣服的顏色本來就會影響氣色，而當年齡逐漸成長，我們的身體和整個氣象都會改變，氣勢就變得不那麼強，會變得比較柔軟、和善，這也是為什麼會有『慈祥』這個形容詞來形容老年人。」

看到同學們專注的眼神，若彤繼續分享：「黑色是一個很重的顏色，年輕時精神旺盛，我們可以戰勝黑色，就算氣色不好，活力也能補足一些元氣；然而當年齡漸增，黑色的能量與身體狀態不相等，使得我們無法去駕馭它，連照鏡了都能看出問題點，這時我們就會改變穿著的顏色，選擇明亮或鮮艷的顏色，來讓氣色變得更好。」

「對耶，我媽媽自從五十五歲之後，幾乎不買黑色衣服。」有同學說。

「當然，也有人說年齡越大越會忌諱黑色，不過我覺得，另一方面是已經知道黑色不適合現在的自己了。」

「原來如此啊！」大家聽了恍然大悟。

「另一個值得大家思考的是，我很少聽到有人說『我好愛黑色喔』，大部分探究原因之後，幾乎都是因為黑色顯瘦、耐髒，以及好搭配，雅雯妳覺得呢？」

什麼時候要避免黑色帶來的問題

雅雯聽了若彤的說法，皺著眉思考著自己為什麼喜歡穿黑色衣服的原因，「嗯……我是好愛黑色啊，因為這樣就不用考慮要怎麼搭配衣服了，省去惱人的問題，而且隨便揹個包也好看，而且穿起來真的會比較瘦……咦，老師，跟妳的答案差不多耶！」

「我倒是覺得妳會喜歡穿黑色，跟妳工作的環境有關。」

「是啊，公司裡的人幾乎都穿黑色，黑色就是我們的制服色，哈！」

「還好公司的人都接受黑色，不過在其他公司或場合穿黑色可就不見得受歡迎喔，例如見男朋友的家長時。」

「天啊～」突然大家一聽到這裡，好像被點到穴道一樣，都頻頻的點頭。

「就算再喜歡穿黑色衣服，去見對方家長時，請記住千萬不要全身上下都穿深色系的服裝，這絕對是很不討喜的顏色！黑色很時尚、很有個性，但在這時候妳要的應該不是這兩項。」

「老師，真是一語驚醒夢中人，我一定會謹記在心的。」雅雯笑著說。

「怎麼，妳真的要去見男友的家長啦？」

「哪有，每天工作這麼忙，已經很久沒有男朋友啦，不過也因為這個原因，我老媽下個禮拜準備幫我相親……」

八卦的同學們聽到「相親」二字，都自動張大耳朵雷達
想聽得更清楚些。

「我正在想，那天我要怎麼穿，還好老師提醒了我，
嗯，我知道要怎麼穿了！」

「怎麼穿？」同學七嘴八舌的問著。

「不告訴妳們，哈哈。」

雅雯望著應該也知道自己最後決定的若彤，開朗的回報
一個笑容。

孟潔老師的小叮嚀

　　人們為什麼喜歡穿黑色的衣服？根據統計原因有三：第一是顯瘦，第二是好搭配，第三則是耐髒。

　　跟時尚圈有關的團體，對於黑色的喜愛度很高，例如設計師，大家都穿著黑色服裝上班，已經成了不成文的規定，也因為大家都穿黑色，新進的人員也會跟著「辦公室文化」而穿著，彷彿穿黑色衣服，就是這個團體的一份子，黑色變成一種特殊表示的符號。

　　然而我想問的是，妳是真的喜歡黑色嗎？還是因為妳不會搭配衣服，所以這樣穿最保險？

　　因此我很好奇，設計師應該是很有主見的，可是連設計師都會陷入這種團體顏色的迷思，更何況一般人呢！不過雖然黑色成為時尚圈的代表色，但我倒是真的碰過某家設計公司的老板不喜歡黑色，因為他對黑色有忌諱。

　　而且不只黑色，連深藍色、深咖啡色所有深色系的顏色，他都不喜歡。他一直覺得，今天若跟員工一起去談案子，而這名員工穿了深色衣服，那麼這個案子一定拿不到。

　　我聽說有一次這個老板要帶著某員工出去談案子。這名員工當時全身上下穿著深藍色的套裝，大家都認為非常好看，但是老板卻還是覺得不妥，直接請他回去換其他顏色的衣服，再回公司跟他會合。

　　我是喜歡黑色的，我覺得黑色有它的正面意象，例如時尚和專業，但黑色的負面意象更是強烈：悲傷、陰暗、不存在等，所以穿黑色衣服的時候要特別注意，不能全身上下沒有亮點，特別是在特殊場合時，如果一點亮點都沒有，那麼黑色衣服穿在身上，反射到臉上，會讓臉上氣色更不好，若這時沒有化妝，就會讓人產生一些不好的聯想，就像是身體不舒服、不高興之類的。

　　如果想表現親和力，盡量不要全身上下都穿黑色，至少要有一個小面積能呈現出亮點。至於如何自製亮點？例如可以藉由飾品配件或化妝來打亮自己，或者在深色的衣服裡，穿著明亮色的內搭衣。

　　如何把黑色穿的好看？首先要注意材質，不要全身上下都穿著太厚重的黑色衣服，因為黑色本身就很「重」，如果材質又選擇很厚重的，那麼就會顯得更笨重。這時可以選擇材質比較輕盈的，讓穿著上顯得輕鬆自在。

　　帶有光澤的深色系衣服也可以考慮，因為有光澤的服飾通常適合出現在典禮節慶等場合，會讓人聯想到快樂、喜氣之類。

　　另外也可以與不同材質的單品交錯使用，這樣穿著會顯出層次感，視覺會比較活潑些；最後，整齊乾淨是極重要的，千萬別因為黑色而懶於整理清洗，像梅乾菜的出現在眾人面前。

　　總之，黑色是相當極端的顏色，如果穿了黑色卻無法襯托妳的本色，而且整個人有被黑色壓下去的感覺，也就是說穿不起黑色的話，那麼就別再繼續眷戀黑色了，就算它能為妳顯瘦、能不花腦筋搭配穿著，但也能讓妳氣色不足，無法帶來正面能量。

　　黑色雖然是很好的保護色，但同樣也能讓妳在人群中被淹沒，就像是舞台上的黑衣人，代表著不存在的意象。所以別再躲避其他色彩了，請穿上適合妳的顏色服飾，在身上發光吧。

每個女人都要有一面魔鏡

在檢示全身上下的搭配情況時，千萬別忽略鞋子！建議最好在前一天晚上，便將明天要穿的衣服和鞋子準備好，或在鞋櫃旁多放一面全身鏡來提醒自己，達到檢查和搭配合宜的目的。

我十分建議大家在家裡放一面可以照到全身的穿衣鏡，這面鏡子就猶如妳的魔鏡一般，可以「告訴」妳今天的穿著和搭配有沒有問題，也能增加妳的自信和快樂！

就讓專屬妳的魔鏡，擔任起妳儀容的最佳護衛吧。

糗到最高點的「露背」裝

「品妍，今天穿這樣很性感喔，而且還深V露背，看來，今天不只一個聚會喔！」

「深V露背？」

「是啊，深V露背。」

「啊～～～」只聽見品妍慘叫，然後馬上跑到廁所裡去。

品妍今日與若彤有約，準備稍晚一同去參加朋友的生日派對。她一早醒來心情好，於是決定穿一套性感緊身的短洋裝出門。

準備了短洋裝、高跟鞋、手拿包，當然臉部的妝也得要化個仔細，細工慢磨好久之後，突然才發現時候不早了，連忙踏出大門，坐了公車轉搭捷運，來到與若彤相約的咖啡館。

若彤看見品妍的到來，本來還生氣她遲到10分鐘，但看到品妍的精心裝扮，整個人超級有女人味，知道應該是在家裡打扮太久，只好搖搖頭原諒她，並且還不忘稱讚她今天的性感迷人。

但是沒想到，誇獎的話才說完，品妍就急忙跑到廁所裡去了，若彤也只好趕緊跟到廁所，看看是發生什麼事。

「快，快來幫我拉一下！」品妍急著叫若彤來幫她拉上

背後的拉鍊。

「什麼？這個是沒拉？」

「對啦，好糗喔。」

原來品妍在穿這件短洋裝時，因為超級合身，所以在拉拉鍊時有點卡卡的，她心想，要不等化妝之後再來好好順一下拉鍊吧，但是沒想到化妝化太久，一看時間就要來不及了，急忙出門去。

一路上雖然有人盯著她瞧，但她也以為是因為穿了件性感的短洋裝的緣故，沒想到居然是自己出糗了，真的羞紅了她的臉。

照鏡子顧前也要顧後

「不過還好啦，妳這樣穿，很多人會以為這件衣服是這樣設計的。」若形故意這樣講，希望品妍能不那麼自責。

「讓我覺得最糗的是，內衣顏色太不性感了……哪知道會忘了拉拉鍊。」

品妍對於自己的身材是有自信的，與忘了拉拉鍊相比，她倒是更懊惱內衣的顏色沒挑選好。整理好儀容，品妍假裝糗事沒發生過一般，和若形回到座位上。

「我平常都會笑人家衣服沒穿好，現在報應出現了。」

「妳怎麼出門忘了照鏡子？」

「事情就是這麼巧，我的穿衣鏡剛好被我家貓咪玩球時打裂了，我怕我不在家的時候牠會去碰到，所以就先把鏡子收起來，唉，我可是都有聽妳的話，把鏡子放在玄關附近，這樣出門就一定會記得照鏡子，沒想到人算不如天算……」

「不過就算妳有照鏡子，依照妳的糊塗個性，也可能只照了前面忘了後面！」

「討厭，我才不會呢！不過我就曾經看過有個女人穿了白色的褲子，正面看起來沒問題，但是當她一轉身，天啊，白色褲子裡的黑色內褲好明顯。」

「這我也看過，因為白色褲子前面有口袋，所以看不出透明與否，但後面可就完全春光外洩了而不知。」

「每次看到這種狀況，我都會很好心小聲的去跟這個人講，免得她一路出糗到天黑，可是，我這麼好心的人，為什麼今天我拉鍊沒拉，深V都快要到屁股了，全世界的人都看到，卻沒有一個人告訴我，除了妳之外！」

「可是，真的很像衣服就這樣故意設計的嘛！」

品妍假裝吊白眼給若彤看，然後自己忍不住笑出來。

女人都需要一面「魔鏡」

「這就證明了女人有一面全身的穿衣鏡真的很重要！有些人穿衣服靠感覺，出了門經過別人提醒才發現，就像是內

搭褲穿歪一邊、上面的花紋都變形了還不知；更有人鞋櫃放在門口，出門前雖然有照鏡子，身上穿的都沒問題，但是卻糊塗的穿了兩個顏色的鞋出門，這時就只能用『我很前衛』來解釋囧況了。」

「好啦，就別糗我啦，我現在深刻體會到穿衣鏡的重要性，打算今天回家就上網買。」

「記得買全身都照的到的鏡子比較好，這樣可以清楚的看見自己全身上下的搭配情況，如果買半身鏡還得遷就鏡子的角度，會比較麻煩一點。」

「我看我順便多買一個小鏡子放在玄關上好了，全身鏡照大地方，小鏡子臉部專用。」

「怎麼，妳是想到什麼嗎？」

「我想到有人牙齒沾到口紅、臉上有飯粒，還有妝脫落都不知」。

品妍突然拍了一下手，「對了，我以後吃完飯一定要照一下鏡子，否則出糗都不知道，真的會很丟臉耶！」品妍搖搖頭，似乎又想起剛剛自己的囧況。

「說到這個穿衣出糗的問題，我也曾在課堂上問過學員。」

「有位學員說，她有次騎摩托車上班，在等紅綠燈才發現自己的褲子穿反了，由於她洗衣服時有個習慣，會將衣服、褲子翻到反面來洗，結果這次不知道發生什麼事，讓她

忘了再反回正面穿，就這樣很『前衛』的穿著到處跑。」

隨時當魔鏡，幫人解除小窘境

「我也想到我另一個窘境，其實剛剛說到牙齒沾到口紅，最佳案例就是我。」

品妍本想糗事不要說太多，結果還是把自己的例子說給若彤聽：「那天我去客戶的公司開會做簡報，進行的十分順利，我的心情好的不得了，還打算下了班自己去吃頓好的、犒賞自己，結果離開客戶公司等電梯時，我的同事這才不急不徐的跟我說『妳的牙齒沾到口紅』，當時我的心情立刻降到谷底，一股怒氣升起，很想一輩子恨死我的同事！」

「我了解這種心情。」若彤拍拍品妍的肩膀，

「以後要預防這種慘事，請記得，第一，當畫完口紅之後，一定要用面紙輕抿一下，這樣牙齒才不容易沾到口紅；其次，一旦有重要場合，在進入會場之前一定要整理服裝儀容，才能避免這樣的糗事發生。

「至於妳同事，我覺得她應該在發現的時候，選一個適當的時機提醒妳，讓妳馬上機智處理。」

「現在回想起來，心中還有一把火，直想發飆呢，真是氣死我了！」

看到品妍齜牙裂嘴的模樣，若彤突然從包包裡拿出一面

精緻的小鏡子，照著品妍的臉。

「魔鏡魔鏡，快點告訴我，今天哪個女人最火爆啊？」

品妍冷不防的搶過若彤手中的鏡子，把臉藏在鏡子後面：「當然是白雪公主嘍～」

兩人為了突如其來的童心未泯都忍不住笑了起來。

孟潔老師的小叮嚀

　　照鏡子除了整理儀容之外，還是一個確認有沒有發生小狀況的好習慣，例如吃完飯時菜屑黏在牙縫上、口紅印在牙齒上，甚至是當「好朋友」來的時候沾到褲子或裙子上，以及絲襪脫線、忘了拉拉鍊、扣釦子等等的意外事件。

　　建議出外在上廁所後，除了要正面照鏡子檢查儀容，也要轉過身，看看後面有沒有突發狀況發生。

　　當遇到有人拉鍊沒拉，或者絲襪跑線、釦子沒扣好，若是同為女性，就請走到她身邊輕聲提醒，她應該會非常感謝妳，雖然提醒她的那一霎，對方可能會覺得很尷尬，但總比讓她一整天都出糗的好。而若出糗者為男性，就請身旁的男性朋友去提醒他，或者經過他的身旁時小聲提醒，相信他也會謝謝妳這位陌生人。

另外，一定要按照當天的行程來選擇衣服穿著。

例如這天的活動量會比較大，可能會跑上跑下、蹲下來等等的動作，這時就要注意衣褲的選擇，不要穿低腰褲，上衣則選擇長一些，免得一蹲下來就露出股溝和內褲。而在出門之前，最好在鏡子前面試做一下這些今天會做到的動作，看看會不會穿幫。

至於有些人的鞋櫃是放在門口，穿上時無法照鏡子看全身搭配的狀況，在此提醒，請別忽略鞋子影響到整體搭配的問題！

建議最好在前一天晚上，便將明天要穿的衣服和鞋子準備好，但是現代人忙碌，加上偷懶，可能無法天天做到這點，所以，你也可以在鞋櫃旁多放一面全身鏡來提醒自己，達到檢查和搭配合宜與否的目的。

絲襪也是常會發生狀況的小東西，除了出門前要前後照鏡子確認之外，可以隨身攜帶一雙備用的絲襪。

此外如果在穿脫之間，妳很容易因為指甲勾到絲襪因而脫線報廢，也可以選購新型的絲襪試試看，這種絲襪在私密處有開口，可以穿上絲襪之後再穿上內

褲，如此上廁所時就不用再脫絲襪了，也免去勾到絲
襪拉線的問題。

心愛物品，平常就要用

這個物品因為昂貴，所以不捨得使用，而捨不得使用，也就讓它的成本更昂貴了。

　　因為親朋好友的婚禮是件大事，不能太失禮，所以要隆重打扮，於是這才把心愛的衣服、包包拿出來使用。

　　奇怪，那麼在日常生活中、自己是主角的時候，為什麼就不會這樣著想？況且很多時候因為久不使用，心愛物品可能變得破舊或退流行，到時連用都無法用了，那時會更心疼吧。

天啊，我的愛包變破包了

「妳看！就是這裡，才揹了第三次，揹帶就已經變形了，我好傷心啊！」

怡婷這日揹著她最喜愛的名牌包出來跟若彤逛街。三年前她省吃儉用的，在生日時終於買了一個她夢寐以求的經典包。

包包買到手的那幾個月，她天天晚上都把包包供在床頭櫃上，看著它入睡，如此相看兩不厭兩個月後，怡婷才把包包收起來，擺在衣櫃的上層，當每天打開衣櫃時，就能看到寶貝的名牌包，心裡也快樂。

這三年之中，除了買的隔一天揹出去亮相之外，第二次是去年的生日，第三次是這天。

「今天不是妳的生日，妳揹妳的愛包出來做什麼？」若彤故意問怡婷。

「我就想說過幾天有個大學同學從美國回來，到時會跟很多同學碰面，那麼就帶我的愛包去好了，沒想到把包包拿出來整理的時候，不知是沒有好好收納，還是衣櫃太潮濕？結果揹帶這裡變形了，天啊，老天怎麼這麼捉弄我！」怡婷一講起自己的愛包受損，幾乎都要哭天喊地了。

「不就叫妳買了就要用，誰叫妳都不用。」若彤雲淡風輕的數落著怡婷。

　　若彤聽到這種事真的太多次了，她知道許多人買了名牌衣、名牌包都是買來當「供品」，捨不得用，總是把這些愛衣、愛包放在衣櫃裡，等待有一天需要的場合出現時，才要拿來使用。

　　但是，時間是無情的，到底哪一天是妳的重要日子？然後終於等到要派上用場時，這才發現愛包變成破包了。

愛它就使用它，不要變成包奴

　　「我捨不得用嘛，我想在重要的時候才拿出來用，這個很貴耶，我存了好久的錢才買了這個包，怎麼可以隨便使用。」

　　「那，今天是什麼重要日子嗎？」

　　「不是。」怡婷垂頭喪氣地說，「但是我想，趁著我還愛它的時候，還是趕快拿出來使用吧。」

　　「咦？怎麼有這麼大的轉變？」

　　「唉！老實說，當我看到揹帶有點變形了，我真的好傷心，而且今天揹出來之後，明天我就要送修了。」

　　怡婷嘆口氣接著說：「我想起以前，我曾經說要等到重要的日子再拿出來用，妳就說以後可能包包受損了，可能美感和喜好改變了，可能時尚趨勢改變了，真的到了要使用日子，反而不愛它了、不喜歡它了。當時，我覺得不可能，昨

天我卻突然有這種感覺，如果我還沒好好使用它就毀損，或哪天我不喜歡它了，現在花了這麼多錢也只是買一個昂貴的時尚供品罷了。」

「喔，不錯喔，自己能明瞭這一點，很值得稱讚呢！」

「討厭啦，妳就喜歡捉弄我。」

「我哪敢啊，只是很高興妳終於想通了，不過妳這種買了供著的還好，我還曾經看過一個貴婦對待名牌包的態度更可怕。」

若彤說，某日跟朋友去新開的五星級飯店喝下午茶，她看到隔壁桌來了一個貴婦，提著今年剛上市的價值數十萬台幣的包包。

「這個貴婦坐下來之後，馬上從包包裡拿出當初買包時送的防塵袋，輕手輕腳的把包包好好地套上，然後小心翼翼地放在旁邊的椅子上，我和朋友一看到這個舉止，想笑又不敢笑，因為她簡直把包包當成主人，自己反而成為包包的奴隸。」

「我是知道很多貴婦在家裡就是這樣子地愛惜包包，但到外面來還如此的『照顧』包包，甚甚至好像是被包包帶著逛街的感覺，就很奇怪了。」怡婷說。

「還好，妳沒有保護包包到這個程度！」若彤拍拍怡婷的肩膀。

莫讓愛包在衣櫃裡哭泣

「大家現在都很喜歡用CP值，也就是所謂的性能和價格之比，來說明這東西是否物超所值。我算給妳聽，假設妳的包包當時買價三萬元，這三年來妳一共用過三次，如果三年後妳不愛它，或者因故破損不好使用了，這代表這個包包還真是名貴，因為出場三次，一次就要花一萬元台幣了，CP值如此之低，怎麼不貴呢？」

「哇！」怡婷很驚訝這種算法。

「但是如果妳是喜歡的時候就揹它出去，需要用到的時候就使用它，並且使用後好好的整理和收納，就算這個名牌包同樣在三年後壽寢正終，但是整體而言它的CP價卻是十分之高的。」說到此，若彤又追問：「對了！妳買這個包有打算之後二手賣掉嗎？」

「沒有啊。」

「既然妳買了就打算用到底，那麼買了之後的價值，便是如何去使用它、讓它提昇妳的質感，而不是供奉著它，等到它不得人愛或者破損時丟棄。」

「我知道啦。」怡婷悶悶地說。

「我也知道妳在等我告訴妳哪裡有維修保養的小店，對吧？」

「都知道，還不快說？」怡婷一臉心事被人知的模樣。

「好，我現在就帶妳去。」

「真是好姐妹！那我們走。」怡婷揹起她心愛的名牌包，一手挽著若彤的手，笑臉十分的燦爛。

孟潔老師的小叮嚀

　　買了一個珍貴的物品，很多人都會打算在重要的場合或日子再來使用它，例如親朋好友結婚時。

　　這是一個令人深思的現象，在別人的結婚日子，因為要去參加婚宴，平常不打扮的人也會去盛裝打扮，化了妝、穿上新衣、拿著平時捨不得使用的包包，甚至還會跑美容院洗頭、設計髮型。

　　當然，會這麼慎重，是因為妳尊重對方，這是非常好的事情，但是，妳有沒有想過，那天明明主角就不是妳，為什麼妳反而要盛裝打扮？明明是別人家的大事、主角是新娘和新郎，妳卻如此的重視？反而在自己的生命裡，每一天都是主角的自己，卻都不覺得重要，不想打扮自己？

另一件弔詭的事情是，即使衣櫃裡有不少高貴的服飾，但最常穿的卻是最便宜的那幾件。會這樣穿著，很多時候是因為心態問題，覺得今天又沒有什麼事，為什麼要穿戴這件漂亮、昂貴的衣服或配件？

　　然而，這個物品因為昂貴，所以不捨得使用，而捨不得使用，也就讓它的成本更昂貴了。

　　就像是故事中提到的，一個名牌包價值若是三萬，用了三次就壞了，每一次的使用費高達一萬元，但如果經常使用，那麼費率平均分攤就會降低，也會讓妳更捨得買好東西來使用，提昇自己的質感。

　　此外，有人買了名牌包或首飾，不使用的原因是因為要等它升值，例如等到以後不用的時候賣掉，可以有好的價格。

　　但是，妳想想，如果在買包包時，就已經在想著什麼時候要二手賣掉，那妳買它幹嘛呢？

　　妳若是專業的投資者，當然可以這樣考慮，可是一般人不是，因為沒有特殊專業的眼光，可能過了幾年退了流行，這個包包送人都沒人要，還不如買到手時好好的使用它才是。

不常穿戴的服飾放在衣櫃裡，越是捨不得用它，就越不知道如何搭配它，但是我們若是經常使用它，反而就會清楚怎麼搭配、怎麼穿戴好看。

所以我覺得買了喜歡的服飾，就該常穿戴出來曬曬太陽，試著搭配新方法，真正的喜歡它、使用它，而不是讓它成為一個「孤僻」的名貴衣飾，永遠佔據衣櫃的一角。

另外還有一個問題，不常穿戴的服飾等著的就是一個重大的場合現身，但是也因為不常穿戴，所以在搭配上就會顯得需要花費功夫。

經常在出席婚禮或重大場合前，大家便會開始照鏡子、搭配穿著，時常也因為不懂心愛服飾的調性，配不到適合相襯的高跟鞋、項鍊等，反而還要緊急的去採購，或者乾脆放棄穿這件名貴的服飾。

衣物買了入庫，這時的金錢花費就會變成一個數字而已，它的價值已經不在於標價上的金額，我認為它的價值是如何去使用它，讓它發揮到極致才是。所以建議還是當這些衣物在最美好、妳最喜歡它們的時候，常穿為宜。

　　至於如何收納包包、皮件，妳可以在包包中塞入白報紙（千萬不要放入普通報紙，會有油墨沾染的可能），除了除溼，也能讓包包維持住一定的形狀而不變形，而萬一包包出了狀況，也可送回原廠保養或到市面做皮革保養的店面維修。

　　不過在這之前，妳還是得要經常的使用包包，才能馬上發現它的狀況，如果一直放防塵袋中，除非妳經常的檢視，否則變形或被蟲蛀，要拯救就有困難度了。

撞衫！死黨變成
我的時尚跟屁蟲怎麼辦？

當遇到好友老是模仿著自己，穿著打扮該怎麼辦呢？

　　女人愛買衣服，但偏偏就是弄不清楚自己的風格，於是便會跟著朋友亂買，或者因為朋友穿的好看，所以就「放心」跟著買，如此撞衫的情況就會增加，也會成為所謂的模仿者。

　　問題來了：當妳有「模仿者」該怎麼辦呢？

品味隨波逐流沒自我風格

「我真不知道該怎麼說她。」一到餐廳，小娜立刻嘆氣。

若彤知道小娜又要提她的死黨娟子的事了，她似乎越來越不能忍受娟子的行為，但又不敢跟她說些什麼，只好三不五時就來跟若彤抱怨一下，免得自己的情緒爆炸。

小娜半年前在公司認識了新進的同事娟子，娟子跟小娜當時都十分迷韓劇，兩人聊起主角和劇情都欲罷不能，因此兩人成為好朋友，經常下了班還一起喝咖啡聊歐巴，放假逛街買衣服也會一起相約。

不過小娜慢慢發現，每次買衣服時，娟子都會跟她買同樣的款式，有時顏色不同，有時則是連顏色都一樣，而且不僅是衣服，連買帽子、包包，娟子也都同樣復刻。

一開始，小娜覺得好朋友跟自己穿一樣的款式很好玩，但是漸漸的撞衫撞得太厲害了，兩個人經常好像穿「制服」一般的逛街、上班，讓小娜有點不舒服。

「她說她相信我的品味，所以只要我買了一條裙子，她就也拿了同款式去試穿，然後買下。」小娜說。

「慢慢的，我們的衣服相同的越來越多，每次我跟她和共同的朋友約會喝下午茶，甚至是上班，都會煩惱她今天會穿什麼？是不是我們又會穿『制服』……唉，好煩人啊！」

「妳很煩，但她應該不知道吧？」

「我有盡可能的提醒她啊，甚至出門前還會先打電話問她今天穿什麼？我還曾經跟她說，一個月撞衫好幾次，這樣太『巧』了吧？她聽完居然哈哈大笑，覺得這樣很好啊，有一種姊妹的感覺。唉，我昏頭了！」

我不喜歡有人跟我撞衫撞包

「這還真是有些困擾……」

「我都煩到不想參加聚會了，更怕上班，怎麼辦？救救我啊！」

「朋友買就會跟著買，這是經常會發生的事，不過娟子的情況是有些變本加厲，怪不得妳不舒服。」

「其實我還遇到過另一種情況，」小娜不喜歡朋友抄襲她的風格，也討厭朋友要她加入別種時尚的品味。

「我陪一個朋友去買包包，她買好了就慫恿我，說這個包包很適合我，要我也買一個，那種情況很讓人無法推拖，我根本不喜歡跟別人撞包，但是如果真的當著她的面說，妳買這包我就不買！這不僅尷尬，怕以後連朋友都做不得！」

「我猜妳之後就減少跟這位朋友一起逛街的機會了吧？」

「對啊，有時候我真討厭朋友自以為好心的給我意見，

不聽，她會生氣，聽了，我會對自己生氣……唉呀，若彤，還是把話題轉回來娟子身上吧，唉，我真的很想坦白的跟娟子說不要抄襲我的風格，但又怕說了可能娟子會受到刺激，她剛換工作，性情感覺比較軟弱一點，這時好不容易找到一個『志同道合』的朋友——就是我，我如果這樣直說，怕她會受不了啊。」

「要不是妳想的太多，就是娟子想的太少，但是問題還是要解決，對吧？」

小娜無奈的點點頭。

利用配件讓同款衣服更出色

「或許妳可以趁此去翻翻自己的衣櫃，把舊衣新穿，這也是一個方法。另外，同一件衣服但不同人穿著，氣質一定會不一樣，說明白點，或許妳會有些在乎誰穿得比較漂亮？誰穿得比較稱頭，是吧？」若彤微笑的說著。

小娜一聽，下意識的把嘴一抿，然後突然發現自己確實有這樣的想法，這才明白為什麼這些日子這麼的煩躁。

「沒關係，這是人之常情，除了為自己而活，也在乎著別人的眼光。我看這樣好了，不管穿同樣的衣服是妳稱頭還是她稱頭，建議妳可以從配件著手，利用配件有畫龍點睛的功效，讓妳更加有個人的氣質和風範，妳覺得如何？」

　　「不錯耶，」小娜聽了眼睛一亮，但是又馬上皺上眉頭，「話是說起來簡單啦，但是，要怎麼利用配飾來裝扮啊？」

　　「妳可以利用耳環、項鍊，或者是戒子、手環這些小飾品來裝扮，也能使用絲巾、圍巾來增加妳的浪漫或俐落感，如果，如果遇到下雨或大太陽，那就更有趣了……」

　　「什麼有趣，快點告訴我！」

　　「雨傘和陽傘也是女人的飾品之一，很多女人精心打扮一身穿著，結果卻拿了一隻顏色怪異的大傘，或者是斷了一根傘骨的三折傘，妳瞧這樣還能美麗嗎？所以如果大太陽下或是下雨天，妳拿的傘跟身上的衣服顏色是相襯的、風格是相近的，更能為妳的風采加分呢！」

　　「對喔，我怎麼都沒想到這點，我真該好好去選一把好用又適合自己風格的傘！就算不是為了撞衫而準備，聽妳這麼一說，都覺得會提昇自己的美麗和形象呢。」

讓妳荷包變淺、倉庫變深的原故

　　「其實娟子的行為，讓我想起朋友的一個故事。她們一堆朋友相約到韓國玩，由於事前忙碌，所以她沒做什麼功課就出發了，結果到了韓國，大家一起去逛美妝店，就有人說『這個面膜超有名的，在台灣大家搶成一團，都缺貨

耶！』，然後大家就都開始搶這個品牌的面膜。

「這個朋友回國之後問我，如果是我跟著朋友一起出國玩，遇到這種情況，會不會跟著搶購呢？我就跟她說，如果這個東西我之前沒有聽過，而且不需要的話，我就不會買，當然我還是會先好奇的試吃或是試擦、試穿看看。」

「哇，妳好理智喔！」小娜驚呼。

「沒錯，就算是大家興致高昂、買的人來瘋，我還是會盡量理智的面對，因為化妝保養品若是沒有用過，就算是告訴我在台灣有多夯，買回台灣若是不適用，還是不會用，那不就浪費了？所以，我會看自己的需求，否則只是在做囤貨的動作。而且若是經常存著『人家有我也要有』的心態，最後就會變成口袋變淺而倉庫變深。」

小娜聽到若彤這麼說，忍不住笑了出來：「這情況如果是娟子，我想她應該就是會馬上跟著大家大買特買吧。」

「很多人都會這樣的，人云亦云，品味隨波逐流。我寧可只有幾件很適合我的衣服，讓我穿出去都能顯現我良好的狀態，也不要滿衣櫃的衣服，但每一件穿起來都展現不出我的風格、不適合我，這才是美麗的王道。」

「這個我知道，我希望娟子也知道，唉。」小娜看著若彤，無奈的點點頭，「好，我會找機會好好跟娟子談這件事的，我也不希望因為這件事變得朋友都做不成，多謝妳啦，若彤！」

孟潔老師的小叮嚀

　　女人有一種習慣，當與朋友一同逛街的時候，如果已經花了錢買了東西，就會希望對方也一起買些東西回家，不管這東西是否真的適合她，就是希望對方也花些錢，這樣才能減少自己血拚的罪惡感。

　　所以在這時，我們並不一定能很客觀的給彼此建議，很多時候都是等到東西買了、已經各自回家後，才發現這些衣物是對方喜歡，或自己一時衝動買下的。

　　雖然逛街時總是感性大於理性，我還是希望大家能夠盡量的冷靜客觀，為需要而買，因為一時的衝動加上朋友的慫恿，很可能會讓妳的衣櫃裡又多一件吊著好看，卻不適穿的服飾。

　　選購衣服時，除了衣服的合身度很重要之外，也要考慮這件衣服與自己的風格是否合適，這時即便是

與別人撞衫，至少仍有屬於自己的特色，心情還不會那麼糟糕。

另外，建議可以在包包裡放一個專門擺小飾品的收納袋，當與別人撞衫或者臨時場合需要更搶眼的狀況時，可以隨時利用項鍊、耳環或絲巾來改變目前的裝扮。

我覺得當一個時尚女可以有自我的選擇，也能在有知覺的情況下接受別人的意見，但是最重要的是要有自己的想法，並讓人覺得很自在，做一個百變女王並擁有個人的風格並不困難。

最後，我想提一提朋友模仿自己穿著的問題。妳會跟這個人當朋友，一起逛街、一起喝咖啡聊是非，可見這個人對妳而言並不全然無優點。每個人都有她的優點，但因為發生了一些事情，讓妳如今只看到缺點，其實反過來說，妳是否也忽略到自己有問題的地方？可能也讓對方困惑？

如果對方真的做出一些讓妳不舒服的事，但妳又想繼續跟她做朋友，建議還是找個時間把事情講開，把不愉快的心情悶著，更會影響妳們之間的友誼的。

Part3

培養氣質,掌握幸福, 就在妳手上

氣質,是一個人由內而外散發出來的整體質感,與言行舉止都有關,再加上適合自己的造型,妳,就是好氣質的幸福女。

優雅的用餐態度，
也是一種氣質

時尚也是一種態度，不只是身上的服裝而已，而是連妳坐著用餐的時候，也要表現出優雅的儀態，才能跟一身的服裝相契合，這才稱得上是時尚。

與親朋好友聚餐，對方在妳心中的重量有多少？聚餐時，妳是在滑手機跟遠方朋友聊天，還是珍惜與眼前用餐的朋友話家常呢？

妳知道用餐的禮儀嗎？當妳了解用餐時該有的禮貌，以及不該做的事之後，別忘了優雅且愉悅的來面對任何用餐時刻吧。

滑滑滑手機,吃飯也要辦公

「早到啦?怎麼不打電話叫我早點來?」若彤依約準時到達餐廳,只見詠晴已經到了,而且看樣子連咖啡都喝完一杯了。

詠晴和若彤相約中午在公司附近的小餐館見面,打算簡單吃個飯後,下午再各忙各的事。沒辦法,兩人都很忙但又想敘敘舊,只好利用中午休息用餐時間來相聚了。

詠晴看到若彤來到,連忙把桌上散亂的紙張都收好,「早上的會臨時被通知不用開了,乾脆就直接把企劃案帶出來修改。」

「喔?這麼好?不在辦公室也能辦公?」

「別糗我啦,老板要遙控我還不簡單,」她拿起智慧型手機,「臉書即時通、LINE、WhatsApp,隨他喜歡!我連行動電源都隨身帶著呢。」

「好員工,辛苦妳了。」若彤為忙碌的詠晴打氣。

兩人快速點了餐,在等待餐點上桌時,若彤發現詠晴的眼光,一直停留在前面幾桌的一對情侶身上。

「怎麼啦?」

「若彤我問妳,平時我跟妳吃飯時,我一直滑手機妳有沒有生氣?」詠晴嚴肅的突來其問。

「我知道妳忙,妳如果不敢快回LINE,妳的老板、同

事就會馬上打電話來，到時電話更講不完。怎麼突然問我這個問題？」

「我忙習慣了，所以吃飯也忙著滑手機，深怕遺漏了一點小細節，但是我剛剛在這裡坐了一個小時，看到前面的情侶，兩人各自一邊吃飯一邊滑手機，感覺有點老夫老妻，但也很像同桌的陌生人。」

大呼小叫？妳懂得用餐的禮儀嗎

「世界上最遙遠的距離，是妳在我面前，卻在滑手機，」若彤假裝文青說出這段話，「是這樣的嗎？」。

「是啊，我鄭重的跟妳抱歉，我現在了解這種感覺了，以後我們一起吃飯不再滑手機了。」

「真的？」

「真的。」

「好事一件也。」

「我很討厭有人在餐廳大呼小叫，炫耀著自己的專業、說菜色沒有格調，然後趾高氣昂的叫著服務生；也討厭有人吃飯時發出聲音，或者剔牙吱吱聲，沒想到自己卻也犯了科技失禮病。」詠晴在意著自己的失禮。

「不過說起在餐廳用餐，又讓我想起了一件糗事。」詠晴想起剛進社會工作的第一天，中午時分，公司部門經理請

她吃午餐,她點了份帶殼的起司小龍蝦,開始錯誤的第一次。

「那時剛出社會,又到大公司上班,緊張的要命,中午經理還請吃飯,結果那時沒想到應該點一份容易吃的餐點,反而點了一份麻煩的起司小龍蝦。」

「龍蝦出了什麼錯?」

「龍蝦沒錯,錯在於吃龍蝦不像是吃飯或吃麵這麼優雅,尤其是遇到一個跟妳『不熟』或『太熟』的蝦子!用刀剝殼要運用力道,又怕醬汁噴出去,妳想,這用餐的情景是多麼的熱鬧啊,唉,當時我都急死了。」

「這還好,妳就默默吃默默急,我還遇過吃得很起勁的人,邊吃邊高談闊論,彷彿整間餐廳就是他的世界一樣,最令人不舒服的是,因為說的激昂,結果口水噴到我的水杯中!」

「辛苦了。」詠晴向若彤苦笑。

「大家都喜歡選擇到餐廳用餐來達成某些目的,例如增進友誼、愛情、親情,或者是討論工作事宜,但是偏偏連最基本的用餐禮儀都沒做到,大家的用餐禮儀要重新學習了。」

理直不氣壯，展現好氣度

「說起用餐的態度，現在不是很多人去餐廳還是攤子吃到不合胃口，就迫不及待的告訴媒體、寫部落格臭罵店家嗎？」

詠晴憶起小時候跟舅舅一同去攤子吃餛飩的經驗：「我記得讀小三的時候，有一次我舅舅帶我去他家附近的麵攤吃餛飩麵，結果我吃了一口就發現餛飩是酸的，我告訴了舅舅，舅舅就跟我說，那就不要吃好了，要我吃他點的一些小菜。舅舅沒有大聲嚷嚷，只有在結帳的時候，輕聲跟老板娘說餛飩好像壞了。」

「妳舅舅人很好呢，有些人可能就大聲叫罵了！」

「舅舅說，這一家他已經吃了好幾年了，也知道麵攤的老板和老板娘一直很努力的在經營著，今天這樣的狀況也許是因為天熱沒有照顧好之類的，如果這時他大聲嚷嚷的話，不就害他們以後沒生意了？」

詠晴接著說：「舅舅說了一句話，讓我記到現在。他說，我們必須給別人台階下，展現自己的好氣度。」

「像妳舅舅這麼有修養的人，真是值得表揚啊。」

「是啊，我一直對我舅舅很崇拜呢，哈哈！」

詠晴話說完突然拿出手機，滑著聯絡人名單，「抱歉，剛才說過吃飯不滑手機了，但是我忽然好想我舅舅，我要打

電話給他～」詠晴露出小女孩的笑容，還比了個YA手勢，
若彤看了也有默契的微笑比YA回應。

孟潔老師的小叮嚀

　　時尚是一種態度，不只是身上的服裝而已，而是連妳坐著用餐的時候，也要表現出優雅的儀態，才能跟一身的服裝相契合，這才稱得上是時尚。而練就這一身的優雅，是為了專注在與人之間的往來，因為有時候用餐的過程，並不是全然為了吃。

　　用餐時的小細節會影響到我們的儀態，妳必須注意這些內容：

1. 用餐時不要一直觸摸頭髮和身體

　　有些留長頭髮的女性，吃飯時喜歡抓或摸頭髮，甚至故意賣弄風情，其實這個動作對旁人而言，是會產生困擾的！

　　我相信大多數的人並不是故意在用餐時有這樣舉動，而是無意識之中養成的習慣。所以如果妳有這種

壞習慣，還請多加注意自己用餐時的舉止，甚至最好戒掉這種會引來衛生問題的不良習慣。

2. 吃飯時不該做的事

勿在餐桌上補妝、剔牙（就算用手遮掩），這是不禮貌的動作，請到洗手間處理。另外滑手機也是失禮的事，請顧慮到一同用餐人的感受，否則跟著真實的人聚餐，卻在虛擬的世界與別人聊天，這很奇怪吧？

大家一起用餐聚會的目的，應該不是一起來滑手機，請珍惜同桌共餐的緣份。

3. 重要聚餐不點不熟悉的餐點

如果因為跟某人一起用餐會讓妳很緊張，例如跟長輩、長官、心儀者吃飯，必須保持優雅的話，點餐時就請點自己吃過的熟悉餐點，免得在用餐時遇到突發狀況，如帶骨難切的肉排、餐具不知道要用哪一個，不知從何下手，讓妳儀態盡失。

因為餐桌的禮儀是難以臨時惡補的，必須從日常生活中養成習慣，若是怕用餐時出糗，從現在開始就注意自己的用餐習慣、學習正確的禮儀，如此就能在重要的餐會時，將心放在對方的身上，而非擔心儀態不周的問題。

4. 小口進餐慢慢來

用餐時總是會邊吃邊聊天，這時食物就要小口進餐，免得吃進大口食物卻又要說話時，臨時吞嚥困難。切記千萬不要邊咬邊講，試想食物在口中隨著妳的嘴一張一合，實在不美觀啊。

另外同樣的，請別在對方進食時問問題，如此會造成對方的尷尬，如果他急著回答妳的問題而狼吞虎嚥，這又造成另一種用餐的困擾了。

5. 尊重每一個人

不要以為花錢的就是大爺，可以大聲指責或不耐煩的催促服務員，尤其是有些人喜歡把單手舉高高彈手指呼喚服務員，這種動作自己看起來可能覺得很灑脫，但是旁人卻會覺得妳禮貌欠缺、不尊重服務員。就算這時妳穿著優雅，但形象卻會毀於這些小地方，所以還是請隨時注意自己的禮儀，免得失禮還不自知。

此外，說話聲音請盡量小聲，雖然大家聚在一起，很可能一高興就大聲聊天，但是禮貌還是要注意到。而如果是自己遇到鄰桌有人高談闊論，影響了用餐的氛圍，也可以請餐廳幫忙解決，或者換位子也是一種方法。

品味藏在細節裡

用質感來呈現妳的品味，選擇材質比較好的衣服來穿著，顏色可以亮麗但最好不要花俏，當然，也要注意飾品和配件的搭配！

CoCo Chanel曾經說過：「你可以在20歲時擁有美麗，40歲時擁有迷人的魅力，並且在剩餘的日子裡具有令人無法抗拒的風韻！」

但是想要做到這一點，就必須在年輕的時候培養起妳的個人品味，尤其是一些生活上的小細節，然後慢慢讓自己變成想要成為的那種人，如此一個無可取代、獨一無二的妳才會出現。

從路人穿著的缺點看到自己

這天若彤在街上偶遇以前上過課的學生君怡，兩人擇日不如撞日，乾脆就選了一間路旁的咖啡館，一起喝咖啡，聊聊近況。

君怡，未婚，過了這個夏天就三十六歲了，由於保養得宜，從外表看起來，感覺大約三十歲左右，是個外貌和心態都很年輕的女子。

當初君怡來上若彤的課，也是希望能用一些穿著的技巧，來讓她的身材更為顯瘦，並且更有精神，而且君怡上起課來十分之認真，若彤交代的功課也都做得盡善盡美，讓若彤不得不對這個學生印象深刻。

她們進了咖啡館，坐在有大片落地窗的桌前，看著門外穿梭不停的車潮和人群，望著窗外來來往往的人們，若彤有感而發的說：「坐在這兒喝咖啡，也能增進時尚品味呢！」

「對啊，有時候上班上累了，我就會偷偷跑到公司附近的一家小咖啡館喝咖啡，順便發呆半小時，」君怡笑著說，「那間小咖啡館正面對著十字路口，不同年齡的路人經過，我每次看著看著都在想，這衣服如果是我穿，會是什麼樣子？這包包如果是提在我手上，會更好看嗎？」

「如果注意看，還能看出一些人在穿著上的小問題，例如有些人喜歡穿著涼鞋又穿上絲襪……」

「對對對，我有看過！」

「還有啊，全身上下都精心打扮得美美的，但是手上卻提了一個破舊的購物袋。」

君怡猛點頭表示也曾看過。

年齡、穿衣和品味如何平衡

「不知道是不是我的職業病，有時明明在休息，就像現在在喝咖啡，但是眼睛還是會去觀望一些很小的細節，尤其是看到那些正在等紅綠燈的女生，好像就變成『大家來找碴』一般……」若彤望著窗外如此說著。

「老師，你是說，就好像無意間看到有個穿著迷你裙的漂亮正妹，但是她的絲襪頭卻露出一樣？」

「是啊。而且穿著不合年紀的衣服，這也很常看到，女人因為擔心老，所以故意穿年輕一點，想要裝可愛，但沒想到與外表無法融合，卻變成俗氣的感覺！」

「老師……」君怡有些欲言又止。

「怎麼了？」

「老師，老實說，我最近也在想這個問題，我都快四十歲了，雖然外表還能騙人，但我發現我越來越不會穿衣服……穿的亮麗、跟流行，怕別人說我一把年紀還裝可愛，但是穿的穩重一點，人家又會說妳好老氣喔，兩難啊！」

「好像父子騎驢的感覺是吧？」

「對對對，老師，就是那種感覺！」

「其實你可以用質感來穿出味道，讓氣質來呈現妳的品味，選擇材質比較好的衣服來穿著，樣式不要太流行、太可愛，顏色可以亮麗但最好不要花俏，然後還要注意飾品和配件的搭配，並且不要像剛剛我們講的，穿了一身舒適、質感又好的衣服出門，結果隨便拎了一個破舊的購物袋，那就得不償失了。」

養成品味需要花心思和時間

「穿衣服和配件的道理我懂，也能盡量讓自己不要忘記細節，不過，氣質這東西，很難養成的！」君怡有些喪氣地說。

「氣質和品味是要持續才能養成的，持續朝著目標前進，終有一天會達成。」

「老師，要多～持續啊？」

「例如妳想成為氣質美人，就可以經常去翻閱相關的雜誌，去看美術、設計展等，看得多，品味自然就會有所提升。像妳不是喜歡吃美食嗎？那麼偶而也可以進出高級餐廳，享受一下那種格調和氛圍。」

「高級餐廳……這個我一年可能沒辦法吃上一兩次！」

「很多高級餐廳都位於五星級飯店之內,妳不想花大錢進去用餐,也可以只去喝杯咖啡,感受一下獨特的設計與氛圍,這樣就可以花小錢,獲得不同的品味體驗。甚至,你不用進去餐廳花錢,只要在飯店或這些場合環境裡多走動,看看不同的設計和精心的擺設,也能獲得很多心得喔。」

「對喔,這倒是不錯的方法。不過老師,我還有另一個問題,」君怡露出不好意思的表情說:「需要多買幾瓶不同氣味的香水視場合使用嗎?我很喜歡某一家品牌的香水味道,但是去參加婚宴擦這瓶,去公司也用這個,我總覺得應該有所區別,但是一瓶香水好貴呢!」

「我贊成香水要視場合而用,因為香水會影響妳的個人形象,就如同衣服、配件一樣,妳總不會因為喜歡某一件衣服,結果每個場合都穿它亮相吧?香水也一樣,雖然單一瓶香水,可以製造個人的味道,但是只用一種並且香味很濃郁的話,就必須小心使用,以免造成負面的印象,而且到餐廳用餐時就不是很好的選擇喔。」

「對啊,我也這麼認為,這問題困擾我好久,好想找個人談談,還好今天遇到老師妳,真是謝謝!」君怡有些不好意思的說。

「只是,我覺得很抱歉,今天跟妳喝咖啡,到最後居然變成在幫我解決問題……」

「放心,君怡,我喜歡跟你聊天,而且今天的咖啡裡多

加入了『品味』的配方，妳不覺得喝起來很舒服、很好喝嗎？」

「老師，難得喝這種咖啡，就罰我喝三杯吧，哈！」

君怡假裝要大口喝下咖啡，其實只是將杯子靠口斯文的喝起，並對若彤俏皮的眨了下眼。

孟潔老師的小叮嚀

　　穿衣服有些小細節要注意，一些看不見但卻偏偏是展現妳性感、身形之處，若是沒有注意、照顧好，美麗與品味的基礎馬上就會被破壞無遺。

　　女人在隨著年齡的增長之後，這時我們所欣賞的地方，已經不是她天生外在的容貌，而是從內心散發出來的氣質。所以在年齡稍長之後，選購衣服必須開始重質不重量：

　　款式：年輕人正因為年輕，所以皮膚好、體態好，穿著流行款或便宜的衣服是撐得起來的，然而熟女們已經沒有這些好條件，所以更應該穿著有質感（注重材質、剪裁、做工）的衣服，來襯托出自我的品味。例如款式不要挑選太可愛、太流行款等。

　　顏色：可以穿著亮麗的顏色，但是不要太花俏；另外亮麗色會讓人注意妳的衣服，所以這時若是材質不好，很容易被發現。

整體搭配：很多人穿衣服只重視某一個部分，例如衣服搭配好了就OK，但是飾品和配件都不管！穿衣服需要整體的搭配，不論是衣服、飾品、配件都需要列入考量。

　　有時候我們會覺得某一個人穿衣服怪怪的，很可能是少了一個適當的飾品，或是過多過雜的飾品所造成，這就是配件的重要性，配件是個調味料，放太少或下太重都會影響到整體的感覺。

　　至於如何養成自我的品味？建造一個專屬於自己的『樣品屋』吧，讓自己身歷其境、置身其中，培養美感。而這個『樣品屋』，可能是美術館、可能是喜歡的雜誌，或是高級的場合。

　　美感對大多數的人而言，並非是與生俱來的，看得多，敏銳度就會提升，自我的品味自然就會好。製造一個好的環境，讓自己耳濡目染，進而去體驗它，便可以擁有無形的力量，改變自己的品味，達到所想要的目標。

　　而對於香水的使用，根據測試，雖然我們很容易受到視覺的影響，但氣味是最令人印象深刻的，所以香水一定要選對，並且用對地方。

　　請把香水當成是你的飾品、配件之一，視場合而使用。餐廳使用淡淡的香氣（請注意以不影響他人品嚐食物的嗅覺為主），約會可以選擇有些性感的味道，甜美的味道會讓人可愛；而在公司使用香水要更小心，因為別人會針對你所使用的香水，來對你下論斷。

　　品味不盡然跟金錢成比例，因為有的人就算精心打扮，仍然得不到讚賞，甚至引來異樣的眼光！心有到但能力不到，就必須多學習。

　　我認為真正的品味是,在洗鍊低調中又帶有自己的特色；品味是從眾多的選擇中，選出適合自己的一種能力，適合別人的並不一定適合妳。品味可以透過學習而提升，大家一起加油找出自己最適合的品味吧。

知人情懂禮數的重要

人情與禮數要拿捏得宜很難，多注意些應對小細節，可以避免失禮情況發生。

與一群朋友相聚是快樂的，除非遇到不識趣的朋友，但偏偏這種事情很容易發生（攤手）。

因為很多人不懂人情世故與禮數，不知道自己神經大條冒犯到別人，甚至辜負別人的用心，難怪經常會發生誤會！所以，別做一個失禮的女人啊。

以自我為中心，地球繞著她轉

　　芸婷剛參加完讀書會的聚餐，雖然早已有了心理準備，但還是敗興而歸。

　　在讀書會中，有一個喜歡發號司令的女成員，大家都叫她淑芬姐，可能因為家世和身為數家公司的負責人，平時在會裡就顯得很強勢，聽她發表意見的模樣，就像這個小宇宙是她所主宰似的，批評東指責西的。

　　但也由於淑芬姐十分積極與熱衷讀書會的一切事務，所以大家都盡量把她的優點放大、缺點縮小，能容忍就容忍，反正大家只是二個禮拜見面一次的社團之友，是為了閱讀與新知而來。

　　芸婷本來也是這樣想，而且這次的聚餐也是淑分姐在幫忙聯繫，雖知聚餐時免不了要聽淑芬姐又大肆批評最近所閱讀過的新書，但還是參加了聚餐，因為芸婷很想跟其他的同學交換閱讀的意見。

　　只不過沒想到當大家都坐齊了、開始要點餐時，淑芬姐就像是老闆娘一般的開始「耳提面命」：「這家餐廳東西好吃，但是羅宋湯千萬不要點，還有田園沙拉也難吃得要命，點了別怪我沒有提前告訴你們喔！」

　　當淑芬姐在說這些話時，該餐廳的經理正站在桌邊，等著大家的點餐，芸婷不知道經理聽了這些話的感覺是如何，

她自己和其他的同學倒是覺得很不好意思。

其中一個同學看到場面有點尷尬，輕輕對著淑芬姐搖搖手，示意淑芬姐不要再講下去了，但是淑芬姐不以為意，還嗆聲說：「我就是要說給他們聽啊！」

好好的一個聚會，就在這麼火爆的氣氛下展開，還好餐點還算好吃，而且淑芬姐因為公司臨時有事提早離席，讓其他同學不約而同地鬆了一口氣，之後才開始邊用餐邊交流最近的閱讀樂趣。

不在乎也不考慮別人的感受

「這家餐廳也是她找的，結果在點菜前，突然就很～好心的告訴我們這個菜不好、那個不要點，如果真的有這麼多的地雷菜，那就不要選這家餐廳來聚餐嘛。」芸婷在那天晚上打電話跟若彤聊天時提到聚會的事，「還好妳沒來，要不然妳也會氣死！」

芸婷和若彤同是讀書會而認識的朋友，這次聚餐若彤因為有工作在身，所以無法參加，原本覺得有些可惜，但一聽芸婷形容當天聚餐的情形，也慶幸自己因為忙碌無法出席。

「妳知道嗎？明明是她推薦和聯絡的餐廳，但最後點餐時，這不吃那也不吃，說這些菜熱量高，我真是覺得奇怪，既然這家餐廳很不得她的緣，為什麼還把聚餐約在這裡？」

芸婷繼續說著：「淑芬姐的個性很強勢，但在人家餐廳的服務員面前說菜色不能點，讓人很難堪，總是一副得理不饒人的模樣，好像不在乎所謂的人情事故，也不管對方的感受，愛說什麼就什麼、愛做什麼就什麼，或許，跟家世背景和經歷有關吧！」

聽了芸婷的話，若彤想起某次讀書會的主題是禮物，淑芬姐提到，逢年過節時總是很多人會送禮給她，她都會當著對方的面把禮物拆開。有一次，禮物不是自己喜歡的，秘書又在一旁，就馬上轉手送給秘書。

巧的是，芸婷竟然也提到：「妳記得『禮物』那件事嗎？淑芬姐說不喜歡就不要留著，送給有需要的人才是對的！但是我一聽她這麼說，很想知道送禮給她的人，當時的臉是呈現什麼顏色……」

「她可能收禮收到不想要了吧，但是不管如何，在收禮時，我們都必須要以感謝的心收下，如果不適用是可以轉送給別人，但是千萬不要在送禮人面前轉送，這很不禮貌的。」若彤回應。

「是啊，我們都知道這不禮貌，但是淑芬姐不覺得。」芸婷不以為然的說道。

「或許，淑芬姐心直口快的個性比較不懂別人的用心，覺得很多事都是覺得理所當然的，才會經常造成無心之過，讓別人下不了台。」若彤幫淑芬姐緩頰。

「無心之過？其實我都覺得她十分有心啊！」

「唉呀，別這麼說。」若彤怕芸婷太生氣，連忙打圓場，「妳看，平時讀書會她總是熱心幫我們買書、也經常幫我們把重點整理好列印出來啊。」

「誰知道她是不是叫她的秘書做的。」

自己最重要，惹人厭還不知

「不管她叫誰做，都是為我們好啊，妳說是不是？可千萬不要因為生氣而否認了她的優點喔。」

「好好好，我知道，妳是一個體貼朋友的人！」

「其實我也常遇到不知人情與禮數的人，而且還經常神經大條的愛開玩笑、考驗別人的記性！就像是有些人打電話來的時候劈頭就問說『猜猜我是誰？』」

「對，我也接過這種電話，偏偏這個人我根本不熟識啊！」

「沒錯，熟的人一開口，我們就知道這是誰的聲音，但是沒那麼熟卻又裝熟，我真的猜不出來，所以我都會回答說，你給我生辰八字，我幫你算算你是誰！」

「哈哈哈！」芸婷在電話那頭傳出爽朗的笑聲。

「如果不是熟人，應該打電話來時就自動報上名字和工作或認識的地方，讓對方勾起記憶，而不是『猜猜我是

誰？』讓對方摸不清楚你是誰，從大海裡撈出對你的記憶。」

　　「是啊，真希望大家都不要這麼自我感覺良好，能夠知人情、懂禮數啊！」

　　「所以，氣消了吧？」若彤試探的問著。

　　「我再去喝杯汽水消消氣就好了。」芸婷打趣的說，「謝啦，我的好同學～」

孟潔老師的小叮嚀

　　人情與禮數要拿捏得宜很難，這裡再多講些容易
忽略而失禮的事宜。

　　在收禮時收到不喜歡的東西，雖然送禮沒有送到
心坎裡是可惜的，但是至少對方誠意足，妳可以先把
禮物收下，之後再轉送給別人，但千萬不要在送禮者
面前就把禮物送給其他人，這是很失禮的作為。

　　另外有時在辦公室或親友聚會時，有人會拿買來
的餅乾糖果分給大家吃，妳可能會遇到有人（這人也
可能就是妳自己）會說，啊，這個我不吃，然後馬上
轉手給旁邊的人。

　　我認為妳可以先說聲謝謝，然後收下來，回去再
來處理，或稍候再給其他人吃，最好不要當著送禮者
的面拒絕，就算對方是妳的好朋友、好同事，也可能

因妳這個小動作而感到被澆了冷水。

另一種失禮的行為是喜歡別人猜猜看。

有些人妳可能在某個場合碰過面,甚至交換過名片,但是偏偏對她一點印象都沒有,然後有一天妳遇到她(應該是說她遇到妳),她就大聲的跟妳說:「妳忘記我了嗎?我們不是在XX碰過面?」當我遇到這種事時,我真的很想這個朋友能直接跟我說:「妳好,我們上次在XX碰過面,我叫XXX。」

當對方叫不出妳的名字,妳應該就會有所感覺,而非又再次地詢問人家是否忘記妳了,難道妳會希望對方回答說:「是啊,我就是忘記妳了啊?」

我也曾發生過這樣的糗事。在上課途中,我想請某位同學回答問題,但突然就是忘了她的名字。當時我看著她努力回想她的名字時,這位同學馬上就自動地說:「我是XX!」為我解了圍,我真是感謝她。

因為偶而在一霎那之間,真的會忽然忘記某些事情,當妳發現對方想要叫出妳的名字、卻在努力回想時,這時只要直接提醒就好,不用張著眼似乎在等著

看笑話一般,這便是很簡單的知人情懂禮數的方法。不過如果妳能記住別人的名字,這對於人際關係是很有幫助的,因為每個人都希望別人能記住他、第一眼就叫出他的名字,這會有被受重視的感覺。

另外,千萬記得別叫錯或寫錯別人的名字,這也是失禮的事。我就有切身的經驗,可能是因為女生的名字中有「孟」的不多,所以經常會發生對方把我姓名中的「孟」寫成「夢」,我都會幽默地告訴對方正確寫法。

例如與人通電子郵件時,第一次若是對方寫錯我的名字,可能是打字打錯,但如果第二次還是打錯,我就會回信時告訴他:「是孟子的孟,請罰寫三次,哈哈哈。」因為與其讓對方叫錯或寫錯,直到有一天才發現錯誤也不太好,還不如當場就幽默的提醒對方念法或寫法,免得之後還是繼續錯誤下去,讓人尷尬。

誰都不希望自己的姓名被念錯或寫錯,但是記名字真的不簡單,如果妳想人緣好,或許事前做足功課才是最重要的事。

別當個討人厭
又不得體的女人

不要小聰明，有時候還會故意裝傻，讓氣氛更為融洽，這就稱得上是有智慧的人。

　　過猶不及的行為，都會深深影響到妳的形象問題，就像是穿不對的衣服在不對的場合、說不對的話在不對的地方。

　　但是人就是很奇怪，經常批評別人的缺點，卻看不見自己也有讓人不愉快的地方，甚至說出不得體的話。妳也想登上魚乾女王的寶座嗎？千萬不要啊。

什麼場合做什麼事是禮儀

「妳肚子餓了沒？我們一起去吃個飯好嗎？」

周末黃昏，若彤和許久不見的老朋友巧萱一起逛街後，巧萱建議一起去吃飯，反正還有好多話還沒聊完，邊吃飯還可以邊繼續聊天。

「好啊，我晚上也沒事，不過，要去哪裡吃啊？」

「還沒想到，怎樣，妳想到什麼好吃的餐廳嗎？」

「沒有，只是我今天這一身休閒裝扮，可不要跟我說要去五星級飯店吃飯啊！」

「喔？」巧萱上下打量了一下若彤，「穿這樣去飯店吃飯，有問題嗎？」

巧萱是個個性爽朗的女人，朋友們有時還會叫她「大媽」，就是因為她的個性耿直、為人海派，再加上逛街以殺價為樂，所以「大媽」這稱號就這樣得來。

她對於穿著永遠只有兩種分別，一種是上班時穿的，簡單俐落有專業形象，一種是下班時穿的運動套裝，或乾脆穿著睡衣就在家裡窩一整天。

雖然有個時尚形象教學的朋友若彤，但可以很明顯的感受到，穿著並不是巧萱生活的重心之一，所以當若彤表示今天的服裝不適合上飯店吃飯時，她不解的充滿疑問。

「唉呀，什麼場合穿什麼樣的衣服嘛！」若彤知道巧萱

不重視這方面,「妳就不要選那些高級餐廳,否則我真的會拉妳回我家換衣服喔。」

「了解了解,妳知道,我都不管這些的,哈哈!」

他們經過百貨公司,兩人一致同意不要再找地方,乾脆就在百貨公司的樓上美食餐廳用餐就好,不過才走進一樓的化妝品專櫃區,就發現有一個小孩在嚎啕大哭。

一位看起來像貴婦的年輕媽媽,正在化妝品專櫃跟櫃姐殺價、拗贈品,可能要到手的東西不滿意,所以一直跟櫃姐糾纏,一旁的小孩等不了這麼久,拉著媽媽想離開,貴婦媽媽於是開口罵,小孩就這樣哭的整層樓都聽得到。

「貴婦都不貴婦了!老天爺保佑,等一下吃飯的時候可千萬不要讓我遇到小孩到處跑、爸媽沒事只顧吃飯的狀況。」巧萱拉著若彤,趕緊離開這個區域。

太自我會變成自私惹人嫌

「剛剛那個女人,到底是不會做人還是只顧自己呢?或者兩種都有?為了貪那一點點贈品,結果弄得小孩大哭,都不會覺得別人會感到是這個媽有問題嗎?」巧萱嘆口氣。她們選了一間日式餐廳,在進入餐廳時,巧萱還特地東張西望,看看餐廳裡有沒有東奔西跑的小孩。

「很多人無法適當的行事,」若彤說:「只顧著自己所

要的，斤斤計較，但卻忽略了自己的本分，然後遷怒他人，這樣就算是每天穿著名貴的服飾、拿著名牌包，還是讓人覺得很不搭。」

「對啊。」聽了若彤的話，巧萱忽然想起前幾日自己所發生的事情，

「前幾天我哥的女兒生日，我爸特地買了一個蛋糕，帶過去給小孫女吃，結果我那不識趣的嫂嫂，一看到生日蛋糕就說什麼她平常都不給小孩子吃甜點的，然後就把蛋糕放進冰箱裡，一直到吃完晚餐也沒拿出來。我爸回來後很生氣，唉！」

「妳爸爸一定很傷心。」

「是啊，我爸好疼小孫女的，但是因為我嫂嫂不喜歡小朋友吃糖，所以平常他都刻意不買甜食給她吃，沒想到連個生日蛋糕也是這樣，而且糟糕的是，因為小朋友那天吵鬧，我嫂嫂治不住她，還拿了她買的布丁給小朋友吃，小朋友這才停止哭泣，這可真是讓我爸看呆了！」

巧萱大力嘆口氣：「我甚至覺得，我嫂嫂認為我們買的東西不好，小孩吃了會怎樣！」

理直氣壯有時更讓人討厭

「那妳哥呢？」

「我哥?我哥傻呼呼的,對這一方面根本不敏感,說不定他也覺得他老婆做的對,小孩吃糖會蛀牙,只是啊,她老婆真的太不會做人了,不知道她是一條腸子通到底,還是不知道做人的道理。」

「有時候直爽和失言,只在一線之隔。」若彤說。

「是啊,偏偏每個人都覺得自己沒錯,錯的是別人啊。」巧萱無奈的回話。

「我總覺得做人是人生中很重要的課題,能善解人意、不矯情,能察言觀色,能自己拿捏狀況,而非永遠認為『我是真理』。」

「真理又如何?理直氣壯有時候更讓人討厭!」

「這就是態度的問題啦,永遠都覺得我沒錯、有錯的都是別人,這種人活在自己的世界裡,終會成了不受歡迎的歐巴桑女王。」

「歐巴桑女王?」

「歐巴桑的負面定義就是講話大聲、只顧自己、尖酸刻薄,不管有沒有理都不饒人、貪小便宜等等,所以當這些缺點都集於一身時,就變成女王了。」

說話這門學問人人要升級

「哈!還好我還不是個得理不饒人的歐巴桑。不過話說

回來，我還真希望我嫂嫂的嘴巴甜一點，妳知道老年人也希望享點兒孫之福，說話甜一點，起碼我爸會很高興。」

「妳知道要能適時地說出好聽的話也很難耶！我就認識一個活動的主持人，有次主持戶外活動有一些藝人參加，其中有一個很資深的演員，她為了尊重這個演員，在介紹她出場的時候，特別說『接下來我們歡迎資深藝人某某某！』。」

「這樣不是很好？」

「是啊，我那時聽她這樣說也覺得沒問題啊，結果活動結束還沒幾分鐘，她就接到那個藝人的經紀人打電話來罵了，說為什麼要介紹『資深』？是說她老的意思嗎？我那位主持人朋友真是百口莫辯啊。」

「哇！」巧萱也很驚訝會有這樣的後果。

「所以說，說話真是一門學問，沒介紹資深，有人會覺得妳看不起她，但介紹了資深，又有人覺得妳說她老，本來是好意，卻引來對方的誤會，這之間的拿捏不容易啊。」

「經妳這麼一說，我也想到了，這經驗我也有過，我也很討厭有人叫我『姐姐』，姐姐什麼啊，我跟妳又不熟，我有比妳老嗎？」

巧萱說完翻了個白眼，惹得若彤忍不住笑了起來。同樣是講到年齡，藝人經紀打電話來罵人，而巧萱則是把自己當例子說笑。

　　若彤深深覺得，言語的溝通方式真是奇妙，自娛娛人有時是最好的方式之一。

孟潔老師的小叮嚀

　　我們都喜歡跟有智慧的人相處在一起，因為會心情愉快。而什麼是有智慧的人？不耍小聰明，有時候還會故意裝傻，讓氣氛更為融洽。

　　我覺得有智慧、出的了廳堂的女人，應該有這幾個特點：

1. 視場合穿衣服

　　很多人穿衣服常常不分場合，只顧慮到自己的感覺，例如爬山穿的像是跑趴一樣，或者在正式的場合卻穿得很休閒或太隨興，這樣的穿著就很容易失禮。

　　不同的場合有不同的格調和氛圍，理應穿著適當的服飾出現，例如公司上班的地方，就需要穿得比較專業一些；在家裡則是穿著輕鬆方便的服飾，但是絕非邋遢，要知道隨興和隨便只是一線之隔。

2. 視場合行事

要懂得看場合來做事，有些地方和時間點不適合貪便宜、斤斤計較，例如帶著兒童一起逛街時，兒童對於等待的忍耐力不強，花了很長的時間要求打折，但卻讓小孩失控、影響到其他人，這是很失禮的事。

另外有些人帶小孩子到餐廳用餐，完全不管小孩到處飛或打破杯碗，一副不關我事的模樣，這樣也引起別人的反感。

我認為父母的言教和身教都要從日常生活做起，製造一個能讓小孩好好學習的環境才對，而不是自己喜歡就好。

3. 視場合說話

要善解人意、嘴巴要甜、不該問的不要問，當然不能太矯情。例如當要讚美對方時，很多人會不知道要從何處讚美起，我建議可以從對方身上的穿搭挑出一處自己很欣賞的部份來讚美，千萬不要隨便找一處來說好看，這樣當然會講得很矯情又不自在。

「妳戴的這個耳環很漂亮，在哪裡買的啊？」這樣就會有個話題，讓妳們繼續聊天下去。

　　但是我也曾碰過有人讚美過多的情況，看到人就從頭讚美到腳，太多不是發自內心的讚美，反而讓人感到不自在。

　　另外，懂得幽默也很重要，幽默是生活最好的調味料，但是我們都不懂得如何運用它。

　　女人有時對事情的反應太過認真、不懂得用幽默化解。我認為當有人不小心講了什麼話而觸犯到妳時，幽默帶過是最好的方法。

　　最後請察言觀色，有時候妳認為是讚美別人的言語，可是對方不領情，這時就要隨時注意對方的臉色，若是說了些他不喜歡的言詞而對方變了臉，就該馬上停止內容、轉移話題才是。

每天找一個
小確幸送給自己

如果每次的聚會，一堆負面情緒的朋友都在無病呻吟，浪費妳的正面能量的話，是否該做個取捨？

　　人是該往正面的事物上發展，但是有些人卻總喜歡往自認為不好的地方關注，聊起天來充滿著負面能量，埋怨生活、討厭工作，四處倒情緒垃圾！

　　若是改變不了現實狀況，妳還是可以改變自己的心，讓自己專注在能幸福、快樂的事情上，創造出使妳微笑不止的情境。

舊同事聚餐變成負面情緒大會

「老同事聚會，去不去？」若彤問著美琪。

美琪是若彤多年前在某家公司共事過的同事，離開公司之後，兩人還是經常聯絡；而一些當時在公司頗要好的同事們，在不同時段紛紛離職之後，一年都會相聚個一兩次，她們都戲稱這是「退除役官兵俱樂部」。

「佳蓉會來嗎？」美琪問著。

「會吧。」若彤了解美琪為什麼會這樣問，因為，若彤也私心希望這次聚會能有所不同。

她們不清楚佳蓉這幾年生活中發生了什麼事，但很明確的感受到她近年的生活、工作上的一切都十分不如她意。每次的聚會，只要她一開口，就開始抱怨東抱怨西的，然後有幾個同事就會開始附和，最後變成抱怨地獄大集合，這對若彤和美琪而言，真是精神上的折磨。

「朋友心情不好，我們當然一定會安慰的啊，但是安慰的言語對這些人而言，好像只是一陣過堂風，吹完就算了！每次聚會都展現這樣雄大的負面情緒，她們自己不改，我們也無能為力、好累。」美琪無力的說著。

「我覺得她們只是想講出來，不需要我們的建議。」

「只是聽她講，我覺得自己很像情緒垃圾桶，而且我自己有垃圾都沒地方倒了，完全不想當她的垃圾桶！」美琪有

些生氣。

「那這次妳是去還是不去？」

「不過，這次如果佳蓉她們又在那裡大唉小叫的，我們可以提早離席吧？」美玲思考許久，最後還是點頭。

「好，沒問題。」

她們甚至想好了備胎方案，如果這次的同事聚會又變成負面的抱怨大會，她們就坐捷運到淡水逛逛，看看美麗的落日。

只會羨慕是到達不了目標的

「我真不知道我婆婆是怎麼想的，每人一大清早就罵她兒子給我看，是怎樣？逼我們搬家是不是？」

「對啊，我婆婆為了一桶垃圾跟我翻臉耶，說垃圾沒去倒，放在家裡會生蚊蠅，為什麼這麼一點小細節都不注重……」

兩人如期相約去參加同事聚餐，一進入餐廳的包廂，先到的人已經跟佳蓉聊開了，紛紛把最近不爽快的事情，都一一交換，彷彿每個人的頭頂上都聚了一團小烏雲似的。若彤和美琪找了個跟這些人反方向的座位坐著，打算吃的差不多就先離席。

若彤由於下個月就要去紐約旅行，美琪最近則買了一本

有關紐約藝術的新書，剛好趁此機會把書借給若彤，讓若彤空閒時可以多翻閱，把一些新的藝術景點放入這次的自助旅行中。

「好好喔，我好羨慕妳可以去紐約！」若彤旁邊的舊同事雅筑，聽到若彤和美琪的談話之後，發出感嘆。

「妳也可以去啊！」若彤回覆她。

「對啊，妳又不是沒有經濟能力，只要有假，妳就可以去旅行啊。」美琪也這樣說著。

「可是我又不像妳這麼自由，妳看，我每天都要加班，還有老公小孩要管，忙的要死，哪有可能說去就去，唉！」

美琪聽了小聲的在若彤耳旁說：「那天塌下來就讓她來支撐吧！哼，用嘴巴說羨慕我也會，不去做、永遠找藉口、找理由，我也會。」

若彤用手肘輕輕的推了一下美琪，美琪馬上換回臉色，微笑的看著大家。

一餐飯如預期的成為抱怨大會，若彤不知道為什麼大家都活的這麼的不快樂，還是這些工作和日常生活的抱怨都無法消化，只好找個聚會一次都吐出來？

幸福不來就自己製造幸福

若彤和美琪還是提早離席了，兩人轉搭捷運，往淡水的

方向前進。在捷運上若彤想到一個情緒上的案例。

「我有個朋友之前得了憂鬱症,那時她的身旁並沒有發生什麼特殊事件,然而自己卻整天提不起勁、不快樂,於是就去看醫生,她問醫生究竟是發生什麼事讓她變成這樣?」

「對啊,結果呢?」

「醫生說,妳現在根本不用管到底發生過什麼事,而是要專注在如何解決它才對!」

「對喔。」

「因為她的狀態是什麼事都不想做,關在家裡會更糟糕,所以醫生建議她,每天出門勉強自己去做一些事,並且要記錄下來,然後幫自己打上快樂指數,分析做哪一件事情是讓自己最快樂的。我覺得這真是個好方法,當情緒低落時,能把注意力轉換到最愛的事情上,是可以改善情緒的。」

「妳為什麼會突然想到這個?」

「我在想,佳蓉她們每天都過著負面情緒的生活,如果能夠在生活中撥點時間,關注在自己喜歡的東西上面,應該就不會這樣每天碎碎念,對著缺點膜拜了吧?」

「也是啦,其實我也需要這個方法。」

「對了,在一部日劇上,我也發現一個不錯的方法喔。男主角只要在生活中發生讓他感到幸福的事情,便會投一塊錢硬幣到玻璃瓶中,當我看到這方法時,覺得很有趣,也想

這樣去做，但是我的身旁沒有玻璃瓶。」

　　「於是我找了一本美麗的筆記本，每天在睡前紀錄下今天發生值得感謝的幸福小事。如果我每天都能寫下幾則內容，那麼當以後回想的時候，是不是就會變成一個大幸福呢？或者最後還可以把這些小幸福寫成一本書，這樣版稅就能捐給慈善機構，變成大家的幸福了！」

　　「若彤，這個方法真棒耶！」

　　「是嗎？哈，妳也可以如法炮製喔，我不收複製費的。」

　　「放心，我會給妳比錢更美好的東西，」列車即將到達淡水站，美琪指著窗外的圓的像鹹蛋黃的夕陽，「請笑納，我的朋友～」

孟潔老師的小叮嚀

　　外在的穿著打扮很重要，但是內在也很重要，如果內在無法保持正面能量的話，就算是外在的打扮很優雅、很迷人，但還是會不小心的把內在負面能量透露出來，破壞了形象。

　　如果每次的聚會，一堆負面情緒的朋友都在無病呻吟，浪費妳的正面能量的話，是否該做個取捨？例如就不要參加這種聚會了，或者不理會他們，自己盡量保持神清氣爽的與好久不見的朋友聊天敘舊。我們經常會被負面的情緒控制很久，然而如何能讓我們不要被負面情緒給抓住？

　　1.遠離八卦和負面資訊。
　　混亂的社會加上愛報血腥八卦的媒體，越是關注越會心亂如麻，建議新聞資訊只要知道就好了，不必重複一直觀看、追進度，至於八卦新聞和名嘴節目也是如此。

但是反過來說，或許妳也可以追著新聞八卦跑，如果你看了這些節目，因為名嘴幫妳罵、幫妳批評而覺得出了一口氣，進而發現這世界上原來我不是最糟的話。

　　不過整體而言，我是比較偏向於不鼓勵大家追這些新聞和節目，因為我不覺得節目的內容會讓妳的情緒往正面提昇。

　　2.不要只會羨慕別人，只會找藉口、找理由推辭自己可以去做的事。

　　事情如果真的要做，就應該想辦法克服困難而努力實踐，只會羨慕別人，並找理由、找藉口來當無法執行的說詞，最後很可能就會因為自己什麼都沒達成，而掉入低落情緒的漩渦裡。

　　3.別把注意力都放在不好的事情上。

　　很多人一方面覺得自己很重要、脫不了身，所以無法去做自己喜歡的事，另一方面又覺得自己好可憐，一點都不重要，因為別人都不在乎我！

　　「甘願做，歡喜受」妳選了這條路就接受它，若是不喜歡，就試著去調整改變，而非一直抱怨，要知道抱怨是解決不了事情的，只會讓情緒變得更糟罷了。

4. 專注在美好的事物上。

每天去做一件自己喜歡的小事,或者是一件會令自己快樂的事,例如可以去看場電影、買個喜歡的零食回家吃,也可以閱讀一本好書,把專注力回到自己的興趣上面。

女人常把心力放在自己看不順眼的地方(不管外在或內在),這樣怎麼會有一個良好的自我形象呢?經常否認和貶低自己或別人的人,也不大可能發自內心去愛自己,以及讚美別人。

美麗的女人們,請把心專注在美好的事物上,不要等禮物從天上掉下來,自己創造小確幸讓生活更快樂吧。

笑容會為妳帶來幸福

當我們不知道怎麼辦的時候，微笑是最好的回應。

微笑是維繫人際的好良方，也是年輕的好秘方。有句話說「伸手不打笑臉人」還是很符合人情世故的。

而關於姿態方面，很多事情在糾正的過程最艱難，一旦糾正好了，它就會像是呼吸一樣的，自然就會正確去做它，所以請記得，良好的舉止和表情能呼應妳美麗的內在。

臭著臉世界就會順妳的意？

那日小涵約了若彤到五星級飯店喝下午茶。

小涵是個任職於貿易公司的上班族，三十歲左右，職務已經做到會計副理，因為朋友的關係認識了若彤，兩人某些理念相合，偶爾下了班之後一起喝咖啡，聊些未來的抱負和生活上的瑣事。

小涵久聞這家飯店的下午茶精緻美味，尤其是各個小巧可愛的甜點，早就在同事圈卡哇伊的叫了許久，也因此小涵約了若彤來吃下午茶，自己的包包裡還多放了一台單眼相機，等著稍晚好好來為這些珠寶蛋糕拍照留念。

不過這麼好的心情，一進飯店大廳就被破壞了。

在大廳的沙發區，有個跟小涵年紀相仿的輕熟女垮著臉坐在那裡滑手機，說是「坐」著還不如說是「躺」著，這名女子大剌剌的翹著阿拉伯數字「4」字的二郎腿、斜躺在沙發上，腳旁則放著一個昂貴的名牌包。女子不知道在等人還是誰剛惹她生氣，臭著一張臉給經過的路人觀看，好像全世界都欠她似的，而且嘴還嘟的高高的。

小涵不知道進進出出的客人是怎麼看待這個女子，她倒是一看到就猛搖頭，心想就算是約了男朋友來這裡約會，顯露出這等表情和儀態，一個正妹也變成歪妹，會有一個美好的周末假期也難。

她把在飯店大廳遇到的事告訴了若彤。「把飯店大廳當成自家的客廳，真的很糟糕耶！」小涵跟若彤說，「尤其還臭著一張臉，唉，美女都不美啦。」

「所以啦，我才會跟妳說，平時要養成常微笑，因為有些人不笑的時候，看起來就好像生氣一樣，惹人厭都不知道！」若彤笑著跟小涵說。

當下角色和狀況來呈現表情和儀態

其實若彤是有些故意這樣說的。

小涵是個漂亮的正妹，笑起來親切可愛，但是不笑的時候就冷若冰霜，不過她可不認為自己不笑的時候不討喜，頂多就是酷罷了，如今讓她遇到同類的「不笑美女」，若彤趕快打蛇上棍，讓小涵了解自己的狀況。

「是嗎？我真的就跟那個人一樣嗎？不會吧？」小涵有些心驚。「妳沒那個女人那～麼的厲害啦，但是說真的，妳有笑跟沒笑真的差很多呢。」

「可是，唉呀，沒事妳叫我一直掛著微笑幹嘛，好像個傻瓜！」

「沒辦法啊，誰叫妳就長的這個臉，還好妳是做內勤的工作，如果是做服務員還是櫃台工作，包準有人會投訴妳擺架子，誰還管妳是酷還是冷面美女啊。」

「是嗎？」小涵有些猶豫，看來她真的是被飯店大廳的女人嚇著了。

「我記得有一個知名的藝人說過，她有次去上廁所時被人認出來，然後就在她的背後說，原來她在電視上的和藹可親都是裝出來的，本人怎麼都臭著臉！這個藝人知道後就表示，為什麼我上個廁所都要笑著臉，這不是白癡嗎？我那時候看了這則新聞也很認同，上個廁所都要笑、心情不好也要笑，為什麼呢？」

「我認為每個人都要依照現在的角色和狀況來扮演自己。人們對於公眾人物都有高標準的要求，雖然說不演戲、不唱歌時需要擁有自我空間，但是大家可不這麼想，你只要稍微不符合形象，就會說你是裝出來的！所以就算你在購物中心逛個街、上個廁所，人家還是會覺得你是明星不是平凡人，所以表情和儀態還是要堅持住。」

面帶微笑讓妳自然年輕好幾歲

「可是我不是啊！」小涵為自己辯解。

「對，我知道妳不是大明星，但是那位飯店大廳的女人同樣也讓妳討厭吧？除了她不適宜的儀態，說不定她本來就長的一副臭臉啊，為什麼妳也會這麼討厭她？」說到小涵的心坎裡了，小涵假裝生氣，把頭撇向一邊。

「妳想想，如果心情不好，臭著臉會讓心情更好嗎？說不定妳笑著笑著，別人看到妳還會用正面的態度來回應妳，妳的心情也會開朗起來，這是互相的。」

若彤對小涵說：「微笑，不是叫妳皮笑臉不笑，而是要有意識的微笑，妳知道嗎，當嘴角往上揚的時候，就會讓臉部的肌肉往上提、眼睛也會有被撐大的感覺，可以自然年輕好幾歲呢！」

「是這樣嗎？」小涵臉上刻意堆起無敵可愛的笑容，望著若彤直笑。結果若彤被小涵逗笑了，小涵也被自己的孩子氣舉動弄的大笑起來。「對了，妳這個教時尚形象美學的老師，有沒有學生曾經問過妳在家會邋遢嗎？」

小心懶惰的儀態習性成自然

「有啊，有一次我的學生就問我，老師，妳在家裡會躺著看電視和看書嗎？我就回答她，不會，我在家都是正襟危坐的。」

「真的？」

「假的啦！」若彤哈哈大笑，「我在家裡也會適度的放輕鬆，躺著看電視啊，不過我還是覺得在家裡也不可以太懶散，免得養成習慣，出外不慎顯露出『本性』那就不好了。」

「要常常微笑，我做得到嗎？」小涵邊吃甜點邊在自言自語。

「放心啦，有時候裝著裝著就變成真的了。」

「是嗎？」

「妳經常微笑，習慣了，微笑就會自然掛在臉上喔。」

用完下午茶，她們到櫃台結帳，櫃台小姐一邊跟同事說笑話，一邊把單據打出來，並用職業般的笑臉說聲：「謝謝光臨！」，這隨便不專業的舉止讓小涵和若彤對看一眼。

「妳看，笑真的不容易吧？雖然她有微笑，但一心真不能二用啊！」小涵搖搖頭的說。

「每個人都有進步的空間啊。」若彤和小涵互望，露出會心的一笑。

孟潔老師的小叮嚀

　　當我們不知道怎麼辦的時候，微笑是最好的回應。

　　如何維持微笑？當妳遇到了不可理喻的客人，心情十分之糟糕，如何用好心情去面對下一個客人？

　　日本的上班族有個習慣，會在自己的桌子旁邊放一面小鏡子，接電話或下一個客人上前之時，會先照一下鏡子，說聲「Cheers！」然後再接電話或接待客人。這麼做可以稍微緩和當下的心情，避免把不好的情緒移轉到下一位客人身上，這樣才稱得上是扮演好當下的角色。

　　而姿態方面，良好的姿態會帶出好自信。或許有人會問，自信不是內在嗎？是的，但是自信是需要藉由外在來表現出來。

　　例如一個有自信的人說話不會唯唯諾諾，走路一定抬頭挺胸、做事乾淨俐落，而不是只會用嘴巴說：「我很有自信！」可是什麼事都沒有做與呈現。

　　所以自信也是內在藉由外在呈現出的一種態度。

　　如何做到姿態優雅？例如邊走路邊滑手機，如此走路就不會優雅好看，而且還可能撞到別人，危險又失禮。如果臨時需要用手機看訊息，建議還是停下腳步來處理，這樣除了不影響別人，自己的儀態也會比較穩重從容。

　　姿態不美會讓妳呈現老態，但如何讓自己的儀態良好？這讓我想起有些舞蹈必須穿著緊身衣，才能看到自己的體態，知道挺胸、縮小腹。

　　如果妳也想修正自己的姿態，建議在那段時間可以常穿合身的衣服，讓自己隨時「警惕」一下，因為若是穿上寬鬆的衣服，遮蓋了體態，妳就沒有危機感、不會想要縮小腹。

　　隨時讓自己維持好體態很累嗎？
　　不會，只要用對力氣，是更省力的，就好像彎腰駝背的姿勢看起來好像很舒服，其實已經讓妳的脊椎

變形，增加身體的負擔，而維持抬頭挺胸的姿勢讓妳覺得很吃力，這也表示妳用錯力了。

　　一般人認為抬頭挺胸是前凸後翹，其實臀部往後翹是錯誤的，因為這個動作是在拉扯背後的腰椎，只要發現腰椎酸痛的話，代表可能翹的太用力。正確的動作是，利用縮小腹的力量來達成抬頭挺胸的目的，把力氣往上拉，然後挺胸，如此腰椎才不會錯誤的施力。

　　另外在與人交談時，目光請記得要看著對方，但也不要一直盯著瞧，讓對方有冒犯的感覺。

　　眼神沒看著對方的臉，會有一種無自信、有所隱瞞、害怕擔心之意，除此之外還有另一種意思：我看不起你，所以連看都不想看你，這也會帶來負面的印象。

　　或許妳會不好意思看著對方的眼睛說話，但因為視覺角度的關係，這裡的「看」範圍很大，妳可以看著對方的嘴巴、鼻子說話，但是在對方的眼裡，他會感受到妳的眼睛是看著他的，所以請盡量在交談中看著對方的臉，以表示尊重。

一個人也可以自由自在

獨處，也是一種美，只要能享受一個人自在的時光，
相信更能夠好好的品味生活。那麼一個人能做什麼？

　　一個人吃飯好奇怪喔！沒有人陪伴逛
街，那就不要去好了！要自己一個人出去
玩，這人是不是有孤僻症啊？

　　「一人就不行」的女人，也不是說不
好，只是無法去體驗享受另一種美好的單人
生活！請試著把生活和時間的所有權交回自
己的手裡吧，一個人的生活絕對比妳想像的
還自在呢。

可以與人作伴，也可以一個人生活

忙完了一個大案子，隔天若彤就一個人輕鬆打包行李，坐飛機到紐約去了。這是若彤送給自己的禮物，曾在紐約讀過書的她，愛紐約的時尚前衛，更愛小巷弄中的人文朝氣，十分享受一個人坐著地鐵，穿梭在這個蘋果大城市探險的感覺。

在接下顧問形象輔導的這個案子時，她便預期接下來的三個月一定十分的忙碌，於是就在簽合約的同時，她便在網路上買了機票和預定住宿，告訴自己努力把工作做好，就可以去心愛的紐約十天。

以前她也是跟一般女孩子一樣，不敢自己一個人去旅行，然而體會過獨自旅遊的快樂之後，若彤也會希望其他朋友可以一年嘗試一次這樣的自助旅行。

在顧問形象輔導中，若彤認識了一個女孩欣妤。即將滿30歲的欣妤，聽到若彤打算案子結束後就直奔紐約，十分的羨慕。

「這麼好？我也好想啊！」

「妳也可以啊，還有年假吧，請假就能去啦，妳不是說妳一直想去法國？」

「我一個人去？我沒辦法啦。」欣妤突然退縮了，「我從來沒有一個人出國玩過，我的英文也不好，而且公司還不

知道能不能准假,我的男朋友應該也不會答應我一個人出去吧?」

若彤一聽就知道欣妤只是單純的羨慕她的旅行罷了,她還在等待男朋友或其他的女性同伴,可以一起跟她去她想去已久的巴黎,而且一個人的旅行,對欣妤而言,似乎就代表著孤寂、沒伴、不安全。

「要當一個可以與人作伴,也可以一個人旅行,只是獨自的快樂和自在是團體旅行無法感受到的。」若彤最後送給欣妤這句話。

看著欣妤,若彤想起她也有一些朋友「不喜歡」單獨行動,不想一個人去看電影、不想一個人去逛街、不想一個人去餐廳吃飯,就算是這個電影很想看、有件衣服非買不可、有間餐廳的下午茶超級想去吃。

「一個人好奇怪喔!」、「我不敢!」、「一個人好無聊!」,這是她們共同的說法。若彤以前也曾經如此,但是自從體會到一個人旅行的樂趣之後,她便再也不想將自己生活的自主權,交到別人的手中。

將時間和生活交回自己的手中

這次好不容易又可以到紐約旅行,若彤原本打算好好享受一個人的異地生活,不過因緣際會認識了幾個朋友,她心

想，這樣也不錯，有時一個人行動，有時大家一起玩，增添旅行的豐富性。

在認識的這幾個朋友之中，有一個也是來自台灣的女生佳穎，她和若彤一樣，是自己一個人到紐約旅遊，但是很奇怪的是，她卻是那種沒有辦法一個人過生活的人。

雖然是一個人出國旅行，卻在旅行途中，永遠都選擇與其他自助客一同行動。這種假自助客會有一個問題，只要發現目標，就會黏著人，希望陪著她一起去逛街、吃飯。

若彤本想旅行中在他鄉能認識同樣來自台灣的朋友，也算是緣份，於是偶而會答應與佳穎相約，但偏偏佳穎是一個不太守時的人，每次約會都會遲到，而且還是那種已經遲到十來分鐘後，還很悠哉慢吞吞走到的人。

這種不在乎別人時間的缺點，讓重視時間觀念的若彤感覺很不舒服。若彤覺得，自己一個人來旅行、沒有呼朋引伴，圖的就是享受單獨的生活，沒想到現在還要配合佳穎的時間，實在感到困擾。

「後天星期三晚上有沒有空？我發現有一場音樂劇很好看，要不要一起去看？」佳穎興沖沖的問著若彤，若彤剛好對這齣音樂劇也很喜歡，於是便一口答應了，然而答應了之後才想起佳穎不準時的壞習慣，馬上千交代萬交代佳穎可千萬不要遲到。

「好，沒問題！」佳穎爽朗的說。

結果星期三晚上一直到音樂劇開演,都不見佳穎的蹤跡。

若彤那晚在劇院門口苦苦等著佳穎,雙手拿著位置最棒的票,一直到七點開場都不敢進去,怕佳穎因為慣性遲到,所以會晚一點來,然而時間一分一秒的過,眼看再不進去看戲就來不及了,若彤連忙問劇院裡的人該怎麼辦?

劇院裡的服務人員要她將票放在票亭,如果朋友有趕來,說不定會去詢問票亭而拿到票。

但那一夜佳穎終究沒出現。

盡情享受單人的快樂和美好

回旅館後若彤LINE佳穎,原來佳穎記錯日期。

"我以為是明天耶"

"妳那天就跟我說是星期三,還要我去買票的啊"

"是嗎?真糟糕,我怎麼會記錯時間"

"我還以為妳只是遲到,等妳等到最後開場了才進去,還把票寄在票亭,希望妳來了會去票亭詢問然後取票"

"妳怎麼不打電話給我?也可以LINE我啊"

"劇院裡沒有WIFI,我無法上網,而且我們沒有互留電話號碼"

"這樣就不能完全怪我啊"

　　若彤用LINE和佳穎溝通到此，突然一肚子氣，她深呼吸一口氣，決定不要情緒化，草草就跟佳穎說累了，結束對談，因為若彤認為之後應該再也不會跟佳穎碰面了吧。

　　那夜若彤思考了這次旅行的過程，當希望自己一個人自由自在的生活，但卻還要分心去照料另一人的情緒和行為，這就辜負了這次期待已久的單人旅程。

　　於是接下來數次她都婉拒了佳穎的相約，自己一個人漫遊在紐約的大街小巷中。

　　旅行使人成長，尤其是一個人的旅行。經過幾次的自助旅行，若彤很深刻的了解這句話的意義。

　　若彤還在紐約的懷抱時，心中已經開始期待下一趟的個人紐約之旅了。「會越來越知道紐約神奇的地方吧。」若彤這麼想。

孟潔老師的小叮嚀

　　如果沒有人願意跟妳做同一件事情，妳就不會去做或不敢一個人行動，這樣的抉擇，就如同把自己的生活交到別人的手上。

　　一個人和兩個人的感受絕對不同，就像是一個人和兩個人一起用餐的感覺就完全不一樣。

　　當我們與朋友一起用餐，其實吃不是重點，目的是與人溝通，餐點美味與否，比不上與朋友的歡聚；但是當一個人吃飯時，便可以將重點放在食物和自己的身上，認真去品嚐食物的美味，並且可以不用考慮別人的喜好，只點自己喜歡的菜色，並且照著自己的節奏慢慢用餐。

　　獨處，也是一種美，只要能享受一個人自在的時光，相信更能夠好好的品味生活，那麼一個人能做什麼？

一個人可以做的事很多，想像得到的例如看電影、用餐、旅行等等，不過我會強力推薦養成閱讀的習慣。閱讀是一輩子到老都能做的事，很多事情需要體力來達成，唯讀閱讀不需要，妳可以悠哉的在家裡看書、沈澱心靈。

去尋找自己有興趣的書來閱讀，就算是漫畫書也可以，有些藝術的書還用漫畫來呈現呢！另外，一開始不要買太艱深的書來看，也不要假文青，那會讓妳有理由說好無聊。所有的習慣都是養成的，這跟妳小時候會不會唸書一點關係都沒有。

我習慣帶一本書在身邊，當有人遲到或有空閒的時候，就可以拿出來讀幾頁，這也表示著我不把時間交到別人的手上，自己能掌控時間，就算是等人或等車時，我也能安然自得的看著書，享受我的樂趣。

有人說一個人是孤獨的，其實有人陪伴是好的，可以訴苦、可以抒發壓力，但若是一個人也能活出自在的狀態，獨處也是一種美。

人是群居的動物，當我們融入團體時，便需要配合團體生活，但是當有人想要獨處的空間時，我們也同樣要尊重對方。最重要的是，妳必須要了解自己想過什麼樣的生活。

願妳一個人也能快快樂樂、自由自在的過活。

從此，成為時尚女吧！

這也正是我經常所說，時尚和美麗不僅是外表，也包含內心。

妳總是善加打扮自己、內心充滿正面能量嗎？或者妳是個為別人而活、把時間和生活都交到別人手上的女人？

我希望妳是個吸睛女，擁有優雅的氣質、每天活在快樂的氛圍裡，隨時都能吸引他人的目光。別跟我說很難做到，自己的人生是需要自己好好安排的。加油，現在和未來的時尚女！

為了別人而改變？人生是自己的

在若彤的課堂上，有不同年齡層及職業的女性，大部分的人，是因為不會搭配穿著，進而希望學習如何找出最適合自己的顏色，以及各種專屬自己的穿搭方式。

然而這些女生來上課的理由也百百種，『為了自己』者佔多數，也有是因為公司的要求，或者上課內容好玩而來，也有只是為了爭一口氣的這種理由。

雅惠，一個外型亮麗、看起來很有自信的女生，遠遠的就能感受到她的無敵氣勢。

上課的第一天，當若彤問同學為什麼會想來上專業形象的課程時，雅惠就很乾脆的說：「我不想輸給一個人，那個人就是我婆婆。」班上同學一聽到這個答案，紛紛露出想聽八卦的神情。

原來是夾在雅惠和婆婆中間的老公惹的禍，他將婆媳之間的關係處理的更複雜，讓雅惠一心想奪得老公的最愛和賞識，希望能擁有比婆婆更高雅的氣質、高尚的穿著，以及呈現的風範，所以聽了同事的推薦，報名參加這個課程。

聽到這一番話，若彤輕輕的搖了頭，她喜歡大家來上課，讓自己內外更美，但是很不喜歡來上課是因為別人的刺激、為了出一口氣才來，因為懷著這樣的學習心態，根據她的教學經驗而言，光芒都只能短暫綻放。

「我知道我婆婆很好,但是我老公那種媽寶的感覺,我就是忍不了!我就是要我老公和婆婆知道,我比婆婆好上好幾倍、我比婆婆強!」

以為自己是女強人,其實是黯淡女

雅惠似乎非常介意在老公的心中,婆婆的地位如同觀世音菩薩一般,相形之下,她這個「凡人」的作為,就永遠都比不上婆婆的高貴。

「妳會不會有時在家裡太強勢?」若彤突然問雅惠這個問題。

「喔?老師妳看得出來喔?我嫁進的是一個大家庭,做人如果不強勢一點,就會被其他人吃掉,再加上還有一個只會誇獎自己媽媽好的老公,真是很糟糕啊。」

「有沒有想過,如果態度堅定但語氣軟一點,會不會更好溝通?」

「什麼是態度堅定但語氣軟一點?」

「例如剛剛妳說的那句話,改成:『由於我知道我婆婆很好,只要可以將我老公媽寶的個性改掉,那就更好了』,這樣的說法是不是顯得比較沒那麼銳利,也能將自己的心情表露呢?」

「聽起來是好聽點,可是這樣的說法不是假假的嗎?」

「不過妳剛剛自己也說過，妳婆婆很好，妳也愛老公啊，妳並非是想要說氣話來惹惱別人，而是想找出方法來達成目的吧？」

「老師，我好像有一點想通了，謝謝妳～」

「我覺得有自信的人，進步是為了自己，不是為了別人或證明什麼。妳放心，這些我們都會在課堂上講解與分析的。」

問題往自己身上攬，這不是好方法

下課後，若彤收到一張手工卡片，是上學期的學生詩涵所寄來的。她在卡片中寫滿密密麻麻對老師的謝意，其中寫道：

以前在聽老師講課的時候，我把黯淡女的個性寫了下來，因為我就是老師所說的黯淡女。

1. 沒自信，經常自以為是。

2. 每件事都有理由，常把「但是」掛嘴邊。

3. 出門喜歡嚷嚷這個不重要、那個不重要，但心裡面卻在乎的要命。

4. 放大自己的缺點，認為自己是天底下最嚴重、最悲慘的人。

本來只是要來學習如何穿衣服好看,但卻多學到了改變自己內心的方式,謝謝您,老師。

若彤想起詩涵曾經跟她的一段對談。

詩涵說她在英國留學時,有一次被店員認出是從台灣來的。

「老師,妳知道外國人看東方人都是一個模樣,從我們的外表他們不容易猜出到底是台灣人還是日本人、韓國人,但是就是這麼奇妙,她看到了我就問我是不是從台灣來的?」

「被認出是台灣人,有什麼問題嗎?」若彤問著。

「問題很大,」詩涵嘆口氣說,「因為在國外被認成是台灣人,很可能是因為妳穿得很隨便!在國外如果是以台灣人、日本人、韓國人而言,就以台灣人最不在乎穿搭了。」

「這倒也是啊。」

「所以我之後都很重視穿著,不再邋裡邋遢的出門,順便也替我們台灣人修正一下印象。」

「這樣做,很好啊。」

建立自信,朝著時尚女的方向前進

「但是……說來容易做來難,當時我最不會穿衣搭配

了，而且事情之後有轉折，原來我真是個標準的黯淡女，滿腦子都覺得是自己有問題，結果，過了一個禮拜，我跟我的室友又逛街逛到那家小店，我的室友就鼓起勇氣問那個店員，為什麼會覺得我是台灣人？」

「她說？」

「她說，她看過幾部台灣的小品電影，看我的談吐和穿著，很像電影裡的台灣女孩子，所以才會這樣問。」

「那妳有沒有問她，是因為穿的隨興還是怎樣？」

「有啊，她說，就是直覺很像台灣女孩子，沒聯想到什麼穿著之類的。所以一切都是我想太多了，哈。」

詩涵之後在若彤這裡上了一系列課程，內在的改變比外在還大，自卑的個性消失，每日還都會製造小確幸給自己快樂。

是一個很有心的女孩子啊，若彤看著卡片沉入回憶裡。突然手機鈴聲響起，讓若彤嚇了一跳，原來是詩涵打來的。

「老師，收到卡片了喔？我就是算準時間打來的，哈哈。」

「才正在想妳，妳就打電話來。」

「老師，我現在在出版社工作，是企劃編輯，除了編書之外，還要幫出版社找適合出書的人選。」

「所以，妳想到我啦？」

「唉呀，老師，人家說『肥水不落外人田』，更何況我

就是妳教出來的精英,知道妳的一切經歷,所以,有沒有興趣跟學生我合作啊?」

「哪有人自己說自己是精英?」若彤被逗笑了。

「喔,所以說,我這樣是正面能量過了頭?」詩涵看若彤老半天不吭聲,於是再問:「老師,別不說話,要不這樣好了,明天我們約喝下午茶,談談出書的事如何啊?」

「我想想。」

「可是老師,我之前上課只抄了黯淡女的個性,還欠一張時尚女的個性耶!」

若彤拗不過詩涵,答應了見面,望著詩涵親手製作的卡片,又忍不住甜蜜的嘴角上揚。

孟潔老師的小叮嚀

　　若是把女人簡單的分成兩類，我會區分成時尚女和黯淡女。

　　一個是有自信、神采飛揚，外在穿著得宜、內在充滿正面能量；另一個則是沒自信，喜歡把所有倒楣事都往身上攬，就算外表打扮的很好，但是卻不知覺的流露出負面能量。

　　這也正是我經常所說，時尚和美麗不僅是外表，也包含內心。如果外表光鮮亮麗，但內心卻陰暗下雨，或者整日對世界不滿、懷疑老天爺不眷顧妳，就算外表美麗優雅如女神，只要輕輕一個肢體動作和說話的口吻，就能讓妳遠離美麗圈十萬八千里。

　　如果妳想要當時尚女的話，一定要下定決定，而且要有企圖心，這裡的企圖心是指妳為什麼要這麼

做,以及態度問題。捫心自問是否是為自己而做?是否把自己的內心思維,當成最重要的事?

活的像自己,很難也不太難,只要妳認清這回事。

至於什麼是時尚女?我認為時尚女應該要有下列的特點,妳不妨把這些特點當成一道考題,看看自己能得多少分數,然後把未達成的內容,往後盡力去做到,真正成為一個走到哪裡都能讓人目光無法離開的真女人。

1. 疼愛自己並培養自信心。

2. 不會以身材、時間和金錢當成藉口。

3. 不把「但是」掛在嘴上(我很想去做啊,但是……)。

4. 知道自己哪裡有問題,並藉由學習去修飾,不會找藉口停止前進。

5. 發生問題,不會認為都是別人的問題,會回歸到檢討自己的部份。

6. 會投資自己的技能和興趣，不斷的學習、充實知識，讓自己內外兼修。

7. 懂得自我療癒，藉由穿衣服、色彩的選擇來改變情緒。

8. 會努力去學習事物，讓自己具有更吸睛的打扮方式。

9. 會把黯淡、過時、不穿的服裝全部淘汰。

10. 不盲目跟隨流行，知道自己在做什麼。

11. 不偷懶，不輕言放棄。

12. 不會人前光鮮亮麗，人後卻亂七八糟。

13. 用腦袋思考、會區別是非，不會人云亦云。

14. 懂得活在當下，不易受環境的影響而破壞心情。

15. 當有負面情緒時，努力調整心態，不牽怒、不抱怨。

16. 不僅會讚美自己，也會讚美別人。

17. 時間和生活，自己設計與掌握。

18. 知道自己要什麼、不要什麼。

19. 懂得爭取，懂得說不。

20. 知道自己是獨一無二。

簡單5招養成瘦身體質
定價NT280元

想瘦，就要先知道胖的秘密！

*肥胖！到底有多恐怖？

　　肥胖，是很多人心中的痛。因為肥胖不但讓身體機能變差，產生代謝症候群之外，也會讓我們的外觀不好看，甚至會有致命的風險。在台灣十大死因當中，包括癌症、心血管疾病、腦中風、糖尿病、高血壓等，都跟肥胖有關。所以減肥不只是為了好看，更是為了自己的健康著想。

*你怎麼想不重要，身體才是老大！

　　關於減重這件事情，我希望你記住一個很重要的一句話：「你怎麼想不重要，身體才是老大！」所以如果你想要減重成功，怎麼跟身體合作是非常重要的事情！

*吃有生命力的食物

　　多吃一點對抗自由基的抗氧化物，就可以對抗日益旺盛的食慾，並且可以增加身體的活動力。

Enrich

50歲後，退而不休的養生力
定價NT280元

全彩圖解，銀髮族量身訂做

*系統性的規劃與分析
　　本書從防止身體衰老、保持健康、平衡飲食營養、運動健身、健康的生活方式、疾病預防的常識等方面，全面系統地為銀髮族做了最好的規劃與分析。

*實用、具體、生活化
　　精選出熟齡族面臨的健康問題，提出的問題內容以具體、生活化的現象來表現，說明因器官退化可能會產生的健康狀況，並提出簡易的改善方式。

*從各年齡層的身心狀態特點，提出保健養生的重點
20～30歲　越是黃金狀態，越要積極重視健康
30～40歲　壯年一族，要注意壓力及飲食調節
40～50歲　身體機能出現的衰退跡象，不可忽略
50～60歲　開創身心靈的第二春
60～80歲　優雅的老後人生

Enrich

時尚雲 01

出 版 者 / 雲國際出版社
作　　　者 / 吳孟潔
總 編 輯 / 張朝雄
封面設計 / 黃聖文
書籍協力 / 廖翊君，尹玫瑰
排版美編 / YangChwen
出版年度 / 2015年02月

簡單20招,
變身時尚女

郵撥帳號 / 50017206 采舍國際有限公司
（郵撥購買，請另付一成郵資）
台灣出版中心
地址 / 新北市中和區中山路2段366巷10號10樓
北京出版中心
地址 / 北京市大興區棗園北首邑上城40號樓2單
　　　元709室
電話 / （02）2248-7896
傳真 / （02）2248-7758

全球華文市場總代理 / 采舍國際
地址 / 新北市中和區中山路2段366巷10號3樓
電話 / （02）8245-8786
傳真 / （02）8245-8718

全系列書系特約展示 / 新絲路網路書店
地址 / 新北市中和區中山路2段366巷10號10樓
電話 / （02）8245-9896
網址 / www.silkbook.com

簡單20招,變身時尚女 / 吳孟潔著.　　ISBN 978-986-271-557-4 (平裝)
-- 初版. -- 新北市：雲國際, 2015.02　　1.女裝 2.衣飾 3.時尚
面；　公分　　　　　　　　　　　　　423.23　103021304